Projektberichte Statusreports Präsentationen

2. ergänzte und überarbeitete Auflage

Sabine Peipe

Martin Kärner

Haufe Mediengruppe

Freiburg · Berlin · München

Inhaltsverzeichnis

Zeitgesteuerte Berichte

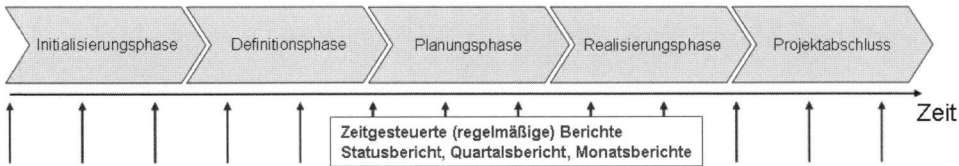

Im Buch und auf CD finden Sie u. a. folgende Berichtsmuster:

Berichtsmuster	Projektphase				Branche	Projektart
	Ini./ Def.	Plan.	Real.	Abschl.		
Statusbericht	X				Hochbau	Bauprojekt
Statusbericht		X			Versicherung	Produktentwicklung
Statusbericht			X		Konsumgüter	Produktentwicklung
Arbeitspaketbericht			X		Gebäuderenovierung	Bauprojekt
Tagesbericht			X		Straßenbau	Bauprojekt
Statusbericht				X	Anlagenbau	Kundenprojekt
Statusbericht				X	Informationstechnik	Kundenprojekt

Ereignisgesteuerte Berichte

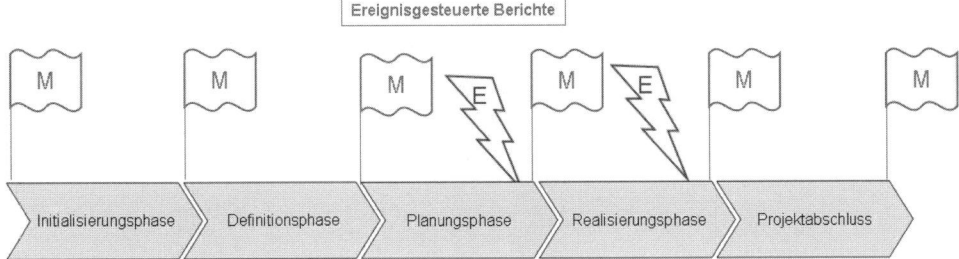

Im Buch und auf CD finden Sie u. a. folgende Berichtsmuster:

Berichte	Projektphase				Branche	Projektart
	Ini./ Def.	Plan.	Real.	Abschl.		
Entscheidungsvorlage	X				Maschinenbau	Controlling einführen
Entscheidungsvorlage	X				Schreibwarenhersteller	Messeauftritt
Meilensteinabnahme	X				Automobilzulieferer	Produktentwicklung
Phasenabnahmebericht		X			Schreibwarenhersteller	Messeauftritt
Sofortbericht		X			Unternehmensberatung	Organisationsprojekt
Meilensteinabnahme		X			Event Management	Organisationsprojekt
Sofortbericht			X		Informationstechnik	Kundenprojekt
Projektabschlussbericht				X	Konsumgüter	Produktentwicklung
Meilensteinabnahme			X		Anlagenbau	Kundenprojekt

Geleitwort der GPM zur 2. Auflage

Viele Projektmanager und Projektmitarbeiter sehen die Berichterstattung als lästige, teilweise unnötige Aufgabe an; sie lenke sie von der eigentlichen Projektarbeit ab. Leider ist dies in der Praxis auch häufig so. Wenn der Berichtersteller keinen Nutzen aus dieser Aufgabe erkennen kann und die Berichtsempfänger die Berichte kaum lesen oder verstehen, dann ist die Projektberichterstattung zum nutzlosen Selbstzweck mutiert.

Aber es geht natürlich auch ganz anders. Berichte dienen in erster Linie dem Berichtersteller. Er steuert damit sein Projekt und sich selbst, er entlastet und motiviert sich und sein Team, u. v. m. Die Berichtsempfänger erkennen auf einen Blick die essentiellen Informationen, treffen auf dieser Basis die erforderlichen Entscheidungen und koppeln zurück. Unmöglich denken Sie? Sicherlich ist dieses Ziel ein schwer erreichbares Optimum. Aber es geht!

Dieses wertvolle, sehr praktisch ausgelegte Buch hilft Ihnen dabei. Es liefert Ihnen umfangreiche Hintergrundinformationen, Konzepte, Hilfestellungen zur Berichterstattung und Präsentation von Projekten. Die mitgelieferte CD mit den umfangreichen digitalen Ausführungen erleichtert Ihnen den Transfer in Ihr Projekt und Projektmanagement erheblich!

Der Erfolg der ersten Auflage zeigt die hohe Relevanz für die Praxis. Möge diese zweite Auflage nun diesen Erfolg fortsetzen und einen Beitrag zur besseren Berichtgestaltung und Nutzung des Berichtwesens in Projekten leisten.

Dr. Thor Möller

Mitglied des Vorstands

GPM Deutsche Gesellschaft für Projektmanagement e.V.

Geleitwort der GPM zur 1. Auflage

Ein effektives Projektberichtswesen ist unverzichtbar, um in einem Projekt Leistungen hinsichtlich Kosten, Terminen und Inhalten zu verfolgen. Es macht einen ganz wesentlichen Erfolgsfaktor in der Projektarbeit aus.

Dieses Buch bietet Ihnen ein umfassendes Know-how für Berichtsprozeduren und Berichte. Dazu gehören etwa Formate und Inhalte, der Prozess zur Erstellung von Berichten, Ersteller- und Empfängerkreise, die richtige Frequenz und nicht zuletzt auch die effiziente Ablage und Dokumentation von Projektberichten.

Ein pfiffiges Berichtswesen liefert genau die Berichte, die vom Team und dem Steuergremium gebraucht werden, um das Projekt optimal zu steuern. Es definiert und erzeugt idealerweise für jeden Empfängerkreis angepasste Berichtsformate: Während das Arbeitsteam detaillierte Informationen für konkrete Maßnahmen braucht, erhält das Steuergremium knappe, hoch verdichtete Ergebnisse zur Beurteilung des Gesamtprojektes.

Einerseits werden erreichte Projektergebnisse beschrieben und dokumentiert, mit denen sich die Leistungen des Projektteams vor dem Steuergremium präsentieren lassen. Andererseits kann die Frühwarnfunktion genutzt werden, die Probleme und drohende Risiken rechtzeitig feststellen lässt.

Für den Aufbau des auf Ihre Belange abgestimmten Berichtswesens wünschen wir Ihnen viel Erfolg. Damit legen Sie den Grundstein für exzellente Projektarbeit.

Für den Herausgeberbeirat

Norbert Hillebrand

Vorstand Facharbeit

GPM Deutsche Gesellschaft für Projektmanagement e.V.

Vorwort zur 2. Auflage

Auch mit der zweiten Auflage dieses Buches wollen wir Ihnen eine praxisnahe Arbeitshilfe für die Gestaltung Ihres Projektberichtswesens geben. Der Nutzen des Buches soll darin liegen, Ihnen neben den Zusammenhängen vor allem viele verschiedene und bereits ausgearbeitete Gestaltungsvorschläge zu geben, die Sie direkt weiterverwenden und für Ihre Zwecke anpassen können.

Das heißt für uns als Autoren, Ihnen nur soviel Theorie wie nötig, aber einen möglichst breiten Fächer an verschiedenen Beispielen anzubieten. Dieses Buch ist daher nicht als Projektmanagement-Lehrbuch gedacht, sondern als ein auf das Projektberichtswesen spezialisiertes Kompendium. Wir verzichten aus diesem Grunde gänzlich auf die Wiederholung von Projektmanagement-Grundlagen und geben stattdessen Verweise auf die einschlägige Fachliteratur.

Zwei Themen sind in der zweiten Auflage neu hinzugekommen:

- Projektportfoliomanagement: Projektmanager und Führungskräfte finden in dem Buch einen Fundus an Informationen und Tipps zur Planung, Überwachung und Steuerung eines Projektportfolios mithilfe des Projektberichtswesens. Zur Veranschaulichung haben wir eine Fallstudie ausgearbeitet.
- Projektarchivierung: die Bedeutung der dauerhaften Aufbewahrung projektbezogener Daten wird häufig unterschätzt, aus diesem Grund haben wir uns diesem Thema ebenfalls gewidmet und einige wesentliche Regeln hergeleitet.

Und natürlich finden Sie nach wie vor in diesem Buch zahlreiche Beispiele für Projektberichte aus den unterschiedlichsten Projektmanagementphasen – von der Projektinitialisierung bis zum Projektabschluss. Sie erhalten wertvolle Tipps für die Gestaltung von Projektberichten und für die Organisation Ihres Projektberichtswesens.

Wir wünschen Ihnen viel Erfolg in Ihren Projekten und bei der Gestaltung und Organisation Ihrer Projektberichte.

München und Stuttgart, September 2010

Martin Kärner   Sabine Peipe

Vorwort zur 1. Auflage

Projektberichterstattung – Hand aufs Herz, was denken Sie als erstes bei diesem Thema? Uns gingen im ersten Moment Assoziationen wie Sprödigkeit, Langatmigkeit und die Frage durch den Kopf, ob es sich wirklich lohnt, ein Buch darüber zu schreiben. Die Antwort lautet: Ja, es lohnt sich.

Projektberichterstattung wird in erster Linie als Methode zur Informationsgewinnung in der Steuerung von Projekten und Programmen betrachtet. Darüber hinaus wird Information, sprich: die Sicherung von Know-how und Erfahrung, mehr und mehr zum Firmenkapital. Insofern ist die Berichterstattung als Medium zur Gewinnung und Verarbeitung von Projektdaten ein integraler Bestandteil des Informations- und Wissensmanagements und gehört damit zu jeder lernenden Organisation.

Von der Zielgruppe her betrifft Projektberichterstattung alle Funktionen und Hierarchiestufen, denn beinahe jeder arbeitet heute an Projekten der einen oder anderen Couleur – und wer hat nicht schon unter fehlenden oder fehlerhaften Informationen gelitten?

Projekt-, aber auch Linienführungskräfte tun daher gut daran, die Berichterstattung in ihrem Verantwortungsbereich sorgfältig zu entwerfen und zu implementieren. Dieses Werk soll hierbei eine Arbeitshilfe darstellen, die neben theoretischem Background vor allem anschauliche Beispiele liefert. Kurz, das Thema Projektberichterstattung soll greifbar und anwendbar werden.

Die Autoren greifen dabei auf ihre eigene Projekterfahrung aus unterschiedlichen Projektarten und Branchen zurück. Dieses Werk ist hinsichtlich der Informations- und Kommunikationsbedarfe einer modernen Organisation geschrieben. Auf verbundene Fachthemen wird im Sinne des Wissensmanagements durch eine ausführliche Literaturliste verwiesen. Dies betrifft insbesondere Grundlagen, wie z. B. die Prinzipien des Projektmanagements, die nach Meinung der Autoren bereits vielfach ausgezeichnet beschrieben wurden.

Wir haben uns mit diesem Werk voll und ganz dem Thema der Projektberichterstattung als Element des Wissensmanagements und der Kommunikation in Projekten gewidmet und wünschen viel Spaß bei der Lektüre.

München und Stuttgart, im Juni 2005

Martin Kärner   Sabine Peipe

1 Warum Projektberichte zum Erfolgsfaktor geworden sind

Aus Sicht eines Unternehmens oder einer Organisation ist das Projektberichtswesen ein wesentlicher Bestandteil der Unternehmensführung. Das System der Berichterstattung muss sicherstellen, dass zu jedem Zeitpunkt der aktuelle Stand eines Projektes und dessen voraussichtliche Projektentwicklung dargestellt werden. Gerade in unserer Zeit, in der es auf Schnelligkeit und Flexibilität im Projektgeschäft ankommt, profitieren diejenigen Unternehmen, die rasch und zielgerichtet auf Projektinformationen zugreifen und diese nutzen können.

Kundenanfragen schnell beantworten, Projektveränderungen rechtzeitig feststellen und gegensteuern, Erfahrungen und Erkenntnisse generieren und Wissen sammeln sind einige Fragestellungen, mit denen sich Organisationen beschäftigen. Das Projektberichtswesen, richtig eingesetzt, hilft diese Fragen zu beantworten und unterstützt Unternehmen im aktiven Tun.

Ein etabliertes System des Projektberichtswesens innerhalb einer Organisation schafft aus diesem Grunde einen hohen Nutzen für das Unternehmen, deren Projekte und die Projektbeteiligten.

Um ein Projektberichtswesen zu etablieren, bedarf es einiger Vorarbeiten. Dazu gehören die Elemente:

1. Strategisches Berichtswesen – Was wollen wir?
2. Operatives Projektberichtswesen – Wie setzen wir es um?
3. Zugang zu Informationen und Dokumentationen sicherstellen
4. Projektwissen verfügbar machen
5. Projektwissen nutzen

Abb. 1: Projektberichtswesen etablieren

Im Folgenden werden die Elemente näher erläutert.

1.1 Strategisches Berichtswesen

Die Forderungen an ein System der Berichterstattung sind in der Unternehmensstrategie verankert, z. B. müssen bestimmte gesetzliche, steuerrechtliche oder innerbetriebliche Anforderungen an die Dokumentation und die Archivierung der Dokumente eingehalten werden. Aus der Unternehmensstrategie werden deren Forderungen in die Projektmanagementstrategie eingebunden und in einem Projektmanagementhandbuch dokumentiert. Das System des Projektberichtswesens ist idealerweise so aufbereitet, dass es jederzeit Informationen über den Erfüllungsgrad der Unternehmens- und Projektmanagementziele zur Verfügung stellen kann. Aus diesen Informationen wiederum lassen sich Kennzahlen generieren, z. B. Kennzahlen aus Kundenbefragungen, Projektperformance, Reifegrad der Projektabwicklung. Der Unternehmens- und Projekterfolg lassen sich dadurch messen.

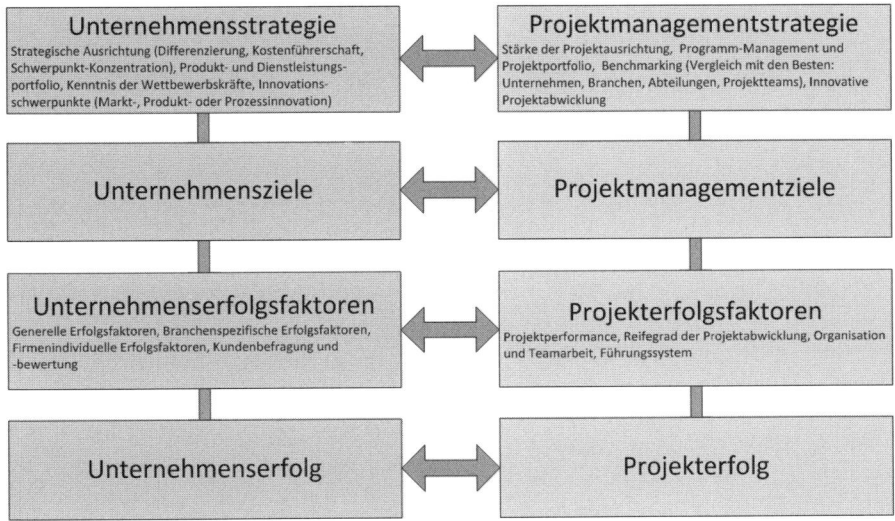

Abb. 2: Unternehmensstrategie vs. Projektmanagementstrategie

Ein System des Projektberichtswesens umfasst somit die Unternehmens-, Projektmanagement- und Projektziele, ihre entsprechenden Erfolgskriterien und Kennzahlen. Durch eine „richtige" Dokumentation können Unternehmen folgende Fragen für sich beantworten:

- Machen wir die Projekte richtig? Wie ist der Reifegrad unserer Projektabwicklung?
- Machen wir die richtigen Projekte? Wie schauen unsere Kennzahlen aus?
- Wie beeinflussen die Projekte unseren Unternehmenserfolg?

Kennzahlen für den Projekt- und Unternehmenserfolg lassen sich aus Projektinformationen und -berichten ableiten und können durchaus in Synergie zueinander gesehen werden.

Abb. 3: Kennzahlen Unternehmens- und Projekterfolg

1.2 Operatives Berichtswesen – wie setzen wir es um?

Das Projektberichtswesen umfasst die Information und Dokumentation von Projektdaten und orientiert sich an dem Informations- und Dokumentationsmanagementsystem des Unternehmens.

Es legt fest was, wann, durch wen, an wen und in welcher Form berichtet werden soll. Die Informationen müssen bedarfs- und empfängergerecht aufbereitet und verteilt werden. Die Projektteammitglieder erhalten detailliertere Informationen als die Geschäftsführung oder das Steuerungsgremium, diesen werden die Informationen in verdichteter Form zur Verfügung gestellt. Es empfiehlt sich, das Berichtswesen zentral zu steuern. In kleineren Unternehmen kann das Projektberichtswesen durch eine/n Projektassistenten/in durchgeführt werden. In größeren Unternehmen wird meist ein Projektoffice installiert.

Die relevanten Informationen eines Projektes orientieren sich an den Vorgaben des strategischen Berichtswesens. Folgende Kriterien werden bei der Gestaltung des Berichtswesens berücksichtigt:

* Empfängerorientiert (an wen?): Geschäftsführung, Lenkungsausschuss, Steuerungsgremium, Projektbeteiligte, Lieferanten, sonstige Stakeholder
* Bedarfsorientiert (in welcher Form?): Detailinformationen oder in aggregierter Form
* Inhaltlich (was?): Produkt- oder Projektbezogen
* Zeitlich (wann?): feste Meilensteine, besondere Ereignisse (Phasenabschluss, Abnahmen), regelmäßig und zeitnah (z. B. monatliche Statusberichte)
* Verantwortlich (durch wen?):
  Projektleitung (verantwortlich für das Projektergebnis), Projektteammitglied (verantwortlich für Arbeitspakete)

1.3 Zugang zu Informationen und Dokumentationen sicherstellen

Ist die Struktur des Projektberichtswesens erst einmal festgelegt, geht es nun darum sicherzustellen, dass alle Projektbeteiligten Zugang zu den Informationen und Dokumenten haben. Zum einen erfolgt dies durch eine offizielle und inoffizielle Kommunikation innerhalb des Projektteams, z. B. in Form von Statusmeetings, Produktbesprechungen, Kaffeepausen etc. Zum anderen durch Publikationen, wie Status-, Arbeitspaket-, Situationsberichte, Präsentationen und dergl. mehr. Im Sinne eines Projektmarketings können Informationen auch außerhalb des Projektteams kommuniziert werden, z. B. Projektbeiträge in Form von Blogs, Wiki oder auf der Homepage des Unternehmens.

Projektinformationen und Dokumente werden zentral archiviert, z. B. in einer Projektdatenbank oder einem Projektordner. Auch über virtuelle Projekträume können für definierte Benutzergruppen internetbasierte Daten abgelegt werden.

Weitere Hinweise zur Archivierung finden Sie in Kapitel 10.

1.4 Projektwissen verfügbar machen

Ziel ist es, Informationen und Dokumentationen auszuwerten und das daraus generierte Wissen verfügbar zu machen. Im aktuellen Projekt können die gewonnenen Erkenntnisse für den weiteren Projektverlauf genutzt werden und zukünftige Projekte profitieren von den Erfahrungen und dem Wissen aus der Vergangenheit. Projektmitarbeiter können auf diesem Wissen aufbauen und müssen das Rad nicht jedes Mal neu erfinden. Bezogen auf die definierten Anforderungen aus dem strategischen Projektberichtswesen können Informationen und Dokumentationen in folgenden Bereichen generiert werden:

- Reifegrad und Qualität der Projektabwicklung
- Projektperformance (Zielerreichung hinsichtlich Termine, Kosten und Leistung)
- Zufriedenheit der Stakeholder (Kunden, Auftraggeber, Projektteam usw.)
- Benchmarking – Vergleich mit den Besten (andere Projektteams, Wettbewerb)
- Projekt- und Unternehmenskennzahlen

1.5 Projektwissen nutzen

Die Königsdisziplin ist das Nutzen des Projektwissens – der Erfahrungen, Erkenntnisse und Kennzahlen aus aktuellen und abgeschlossenen Projekten. Das Projektwissen kann zur Optimierung der Projektabwicklung und der Projektmanagementprozesse eingesetzt werden. Die Projektkennzahlen, die sich aus der Projektperformance der abgeschlossenen Projekte ableiten lassen, werden aktualisiert. Die Projektorganisation und das Projektberichtswesen nutzt dieses Wissen, um sich weiterzuentwickeln. Qualifizierungs- und Weiterbildungskonzepte für das Projektpersonal können entwickelt und eingesetzt werden. Der Einfluss von Projekten auf die Unternehmensorganisation ist nachvollziehbar und daraus kann sich ein optimiertes Produkt- und Projektportfolio ableiten lassen.

Weiterführende Literatur zum Wissensmanagement

- ICB 3.0 – International Competency Baseline, International Project Management Association 2006, ISBN 0-9553213-0-1
- Deutsche Industrienorm DIN 69900 ff.
- „Knowledge Management Case Book" von T. H. Davenport und G. Probst, 2. Auflage 2002, Publicis Corporate Publishing und John Wiley & Sons, ISBN 3-89578-181-9
- „Die lernende Organisation" von C. Argyris und D. Schön, 3. Auflage 2008, Schäffer-Poeschel Verlag, ISBN3791030019
- „Projekte managen" von Heinz Schulz-Wimmer, Haufe 2007, ISBN 3448047864
- „Wissensmanagement. 7 Bausteine für die Umsetzung in der Praxis", 3. Auflage 2007, Hanser, ISBN 3446412263

2 Wie Sie Ihr Berichtswesen organisieren

2.1 Der Informationsfluss im Einzelprojekt und im Projektportfolio

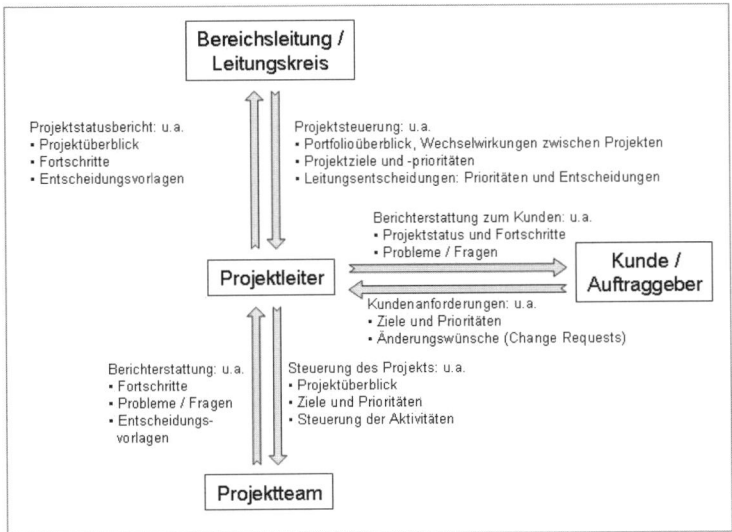

Abb. 4: Der Informationsfluss im Einzelprojekt

Ein Charakteristikum von Projekten ist die Einrichtung einer spezifischen Organisation, der Projektorganisation. Sie rekrutiert sich aus Mitarbeitern und Führungskräften der Linienorganisation, die entsprechend ihrer Rolle im Projekt ein Team bilden und an den Projektleiter berichten. Der Projektleiter berichtet an seine Auftraggeber und Kunden, die sowohl intern, aus derselben Linienorganisation, als auch extern sein können.

Die Projektberichterstattung umfasst daher sowohl die Kommunikation innerhalb des Projekts als auch zur internen Linienorganisation und zu externen Partnern und Auftraggebern. Die wesentlichen Informationsflüsse in einem einzelnen Projekt sind schematisch in Abbildung 4 skizziert.

In vielen Branchen ist das Geschäft in Projekten organisiert, dort laufen in einer Linienorganisation sehr viele Projekte gleichzeitig. Um den Überblick behalten zu können, ist es zum einen sehr wichtig, für alle Projekte gleichermaßen gültige Normen und Standards für die Projektarbeit und -kommunikation zu setzen. Zum anderen ist es zur Steuerung und Priorisierung ratsam, neben der Betrachtung einzelner Projekte auch eine übergeordnete Gesamtschau auf alle Projekte zu haben, in diesem Fall sprechen wir von einem so genannten Projektportfolio. Die Notwendigkeit der Standardisierung und der Zusammenfassung wird aus Abbildung 5 ersichtlich – bei einer gewissen Anzahl von Projekten erhält die Leitungsebene ebenso viele Projektberichte und Entscheidungsvorlagen, so dass Portfoliomethoden zur Steuerung benötigt werden.

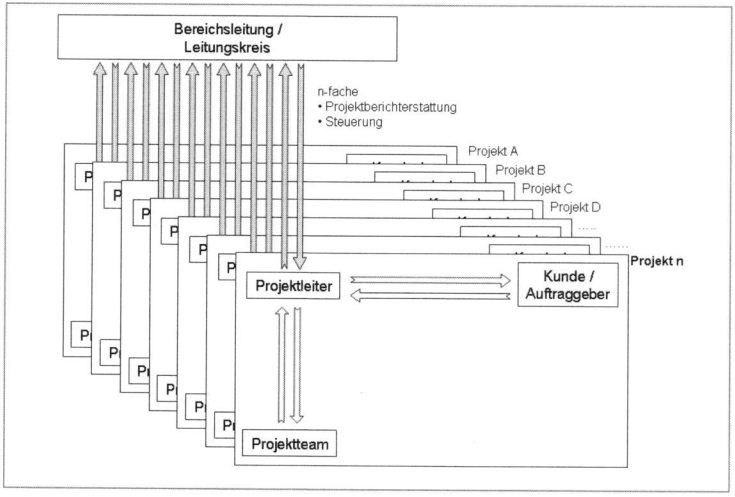

Abb. 5: n Projekte erfordern n-fache Projektberichterstattung und -steuerung – für Projektentscheider kaum handhabbar

Das Projektportfolio wird von einer dem Einzelprojekt übergeordneten, so genannten projektführenden Organisation verantwortet und gesteuert. Daraus ergeben sich für die Kommunikation und den Informationsfluss zusätzliche Aspekte.

Zur Veranschaulichung finden Sie zuerst einige typische Beispiele für Organisationen, die ein Projektportfolio führen:

- Forschungs- und Entwicklungsabteilungen (F&E) organisieren ihre Arbeiten sehr häufig in Projekten, weil diese in der Regel einen klar abgrenzbaren Ergebnis-, Zeit- und Kostenrahmen haben. Das Projektportfolio einer Entwicklungsabteilung umfasst also die Gesamtheit aller Entwicklungsprojekte, die sie gegenüber internen oder externen Kunden verantwortet.
- In Investitions- oder Anlagenprojekten wird ein einmaliger und oft sehr großer Liefer- und Leistungsumfang spezifiziert, konzipiert, gebaut und in Betrieb genommen. Typische Beispiele sind Bauwerke und Industrieanlagen, aber auch im Einzelauftrag entwickelte und gefertigte große Systeme, wie z. B. Schiffe und Rechenzentren. Unternehmen dieser Branchen führen stets ein Portfolio mehrerer paralleler Projekte in verschiedenen Projektphasen, um ihre Kapazitäten möglichst gleichmäßig auszulasten.
- In Organisationsprojekten geht es darum, am Ende des Projekts einen veränderten, verbesserten Zustand innerhalb einer Organisation herzustellen, z. B. was die Entscheidungsstrukturen, die Rollen, die Zusammenarbeit, die Kompetenzen, die eingesetzte Infrastruktur oder die IT-Landschaft angeht. Dementsprechend führen Unternehmen, die auf derartige Projekte spezialisiert sind, ein Projektportfolio, z. B. Unternehmensberatungen und IT Dienstleister, aber auch interne Abteilungen, die sich mit Organisationsentwicklung beschäftigen.

Zusammenfassend ist das Kennzeichen jeder projektführenden Organisation: die Verantwortung für die Organisation und die Ergebnisse all ihrer Projekte, des Projektportfolios, gegenüber internen und externen Auftraggebern. Häufig wird die Verantwortung und die damit verbundenen Aufgaben in einem so genannten Projektbüro (engl. PMO – Project Management Office) gebündelt.

Typische Aufgaben des Projektbüros sind:

- Gestaltung und Pflege der Projektmanagement-Richtlinien, der Methoden und der Prozesse, z. B. in Form eines Projektmanagement-Handbuchs
- Organisation und Konsolidierung der Einzelprojektberichterstattung
- Auswertung des Projektgeschäfts und der Berichterstattung auf Portfolioebene
- Steuerung und Priorisierung der Einzelprojekte, z. B. durch die Erstellung von Entscheidungsvorlagen für die Unternehmensleitung
- Dokumentation und Archivierung der Projekte und ihrer Ergebnisse
- Bereitstellung und Pflege der benötigten Arbeitsmittel für die Projektleiter und –teams, wie z. B. Vorlagen und Templates
- Bereitstellung der benötigten Infrastruktur, wie z. B. IT-Verfahren.

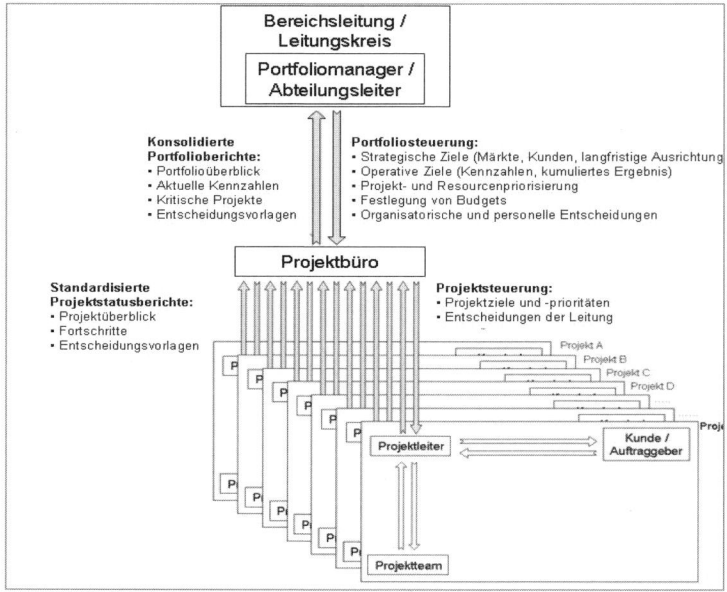

Abb. 6: Das Projektbüro setzt Berichtsstandards und arbeitet die Daten der Einzelprojekte für den Entscheiderkreis in einem Portfoliobericht auf.

Ab einer bestimmten Anzahl von Projekten ist die Einführung des Projektbüros als zentrale Instanz für das Projektmanagement und die Berichterstattung dringend geboten. Abbildung 6 zeigt schematisch den Informationsfluss zwischen den verschiedenen Beteiligten und einige exemplarische Inhalte.

Experten-Tipp:

Wenn Ihnen als Entscheider die Projekte zahlenmäßig und inhaltlich über den Kopf wachsen, dann ist es an der Zeit, ein Projektbüro zu gründen mit dem Auftrag, das Berichtswesen zu standardisieren und zu bündeln.

Das Projektberichtswesen ist jedoch immer nur so gut, wie es das Unternehmen selbst zulässt. Ein gängiger Irrtum im Berichtswesen ist der Ansatz „viel hilft viel", denn die Projekte werden nicht schneller fertig, wenn die Beteiligten Berichte schreiben, statt ihre Arbeitspakete zu bearbeiten. Grundsätzlich sollte an Berichten also nur gefordert werden, was auch wirklich gelesen wird.

Experten-Tipp:

Generell gilt für Projektberichte: Soviel wie nötig, so wenig als möglich!

Häufig legen Unternehmen ihr Berichtswesen sowie die entsprechenden Formulare und Checklisten in einem Organisations- oder Qualitätsmanagement-Handbuch fest. Ebenso können Sie auch mit dem Projektberichtswesen verfahren. Ein Projektmanagement-Handbuch beispielsweise regelt den Einsatz sowie die Form und das Layout von Projektberichten und Projektinformationen. Alle beteiligten Projektmitarbeiter sind dazu verpflichtet, diese für ihre Projektarbeit entsprechend einzusetzen. Die Mitarbeiter können so schnell auf standardisierte Vorlagen zurückgreifen.

Beispiel-Inhaltsverzeichnis für ein PM-Handbuch

1. Vorwort
2. Projekte im Unternehmen (Projektarten und -kategorien)
3. Projektbewertung und -priorisierung
4. Projektorganisation und Teamarbeit
5. Informations- und Dokumentationsmanagement
6. Phase Projektinitialisierung
7. Phase Projektdefinition
8. Phase Projektplanung
9. Phase Projektrealisierung
10. Phase Projektabschluss
11. Formulare und Checklisten
12. Unternehmensrelevante Regelungen (z. B. Qualitätsmanagement)
13. Glossar/Abkürzungsverzeichnis

Eine Projekt- bzw. Unternehmensorganisation verfolgt mehrere Ziele für die Einführung eines funktionellen Berichtswesens:

- Einheitliche Dokumente und Vorlagen
- Aussagefähige Projektinformationen
- Projektstatus zum Berichtszeitpunkt
- Eindeutig beschriebene Probleme und Risiken
- Möglichkeit von Entscheidungsvorschlägen bei Planabweichungen
- Darstellbarkeit von Kosten- und Termintrends
- Dokumentation „harter" und „weicher" Daten
- Datensammlung zur Auswertung der Projekterfahrungen

Experten-Tipp:

Eine standardisierte Projektberichterstattung hilft dabei, sich auf den Projektinhalt zu konzentrieren, und spart sowohl dem Ersteller als auch dem Empfänger viel Zeit.

2.2 Wider den Berichtswildwuchs: der Berichtsplan

Wenn Sie das Projektberichtswesen nicht gezielt steuern, kann es bei Berichten und Informationen relativ schnell zu Wildwuchs kommen. Projektberichte haben dann plötzlich unterschiedliche Formate und Layouts. Und Informationen aller Art werden zu einem Projektbericht zusammengefasst, auch solche, die kaum von Interesse sind und die Informationsempfänger eher verwirren als informieren. Empfehlenswert ist aus diesem Grund die Erstellung eines Berichtsplanes, der als Vorlage im Projekthandbuch für alle Projekte gilt und für jedes Projekt entsprechend der Projektumfeld- oder Stakeholderanalyse ergänzt wird.

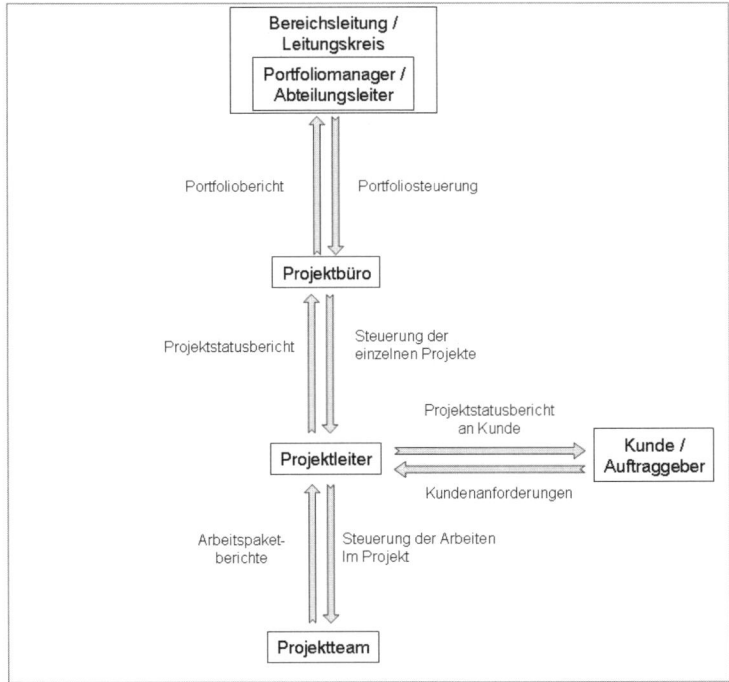

Abb. 7: Schematische Darstellung des Berichtsplans

Dieser Berichtsplan zeigt auf, was von wem an wen, wann und in welchem Format bzw. Layout verteilt wird.

Was?	Von wem?	An wen?	Wer wird außerdem informiert?	Wann?	Format-vorlage
Portfolio-bericht	Projektbüro	Geschäfts-leitung	Leitungs-kreis, Pro-jektleiter	zum 5. jedes Monats	Portfoliobericht
Projektsta-tusbericht	Projekt-leiter	Projektbüro	Führungs-kraft des Projekt-leiters	zum 1. jedes Monats	Vorlage Projektstatus-bericht
Projektsta-tusbericht an den Kunden	Projekt-leiter	Auftraggeber	Projektbüro	mit dem Auftrag-geber zu vereinba-ren	mit dem Auf-traggeber zu vereinbaren
Arbeits-paket-bericht A	Aufgaben-verantwort-liche/r A	Projektleiter	Listenführer / Stunden-schreibung	wöchent-lich - freitags bis 12:00	Arbeitspaket-formular
...	...	...	...	...	...
Arbeits-paket-bericht n	Aufgaben-verantwort-liche/r n	Projektleiter	Listenführer Stunden-schreibung	wöchent-lich – freitags bis 12:00	Arbeitspaket-formular
Meilen-stein-berichte / Abnahmen	Projekt-leiter	Auftraggeber	Projektbüro	bei Abnahmen und Zwischen-abnahmen	Abnahme-protokoll

Tab. 1: Tabellarische Darstellung des Berichtsplans

Experten-Tipp:

Wir empfehlen Ihnen, den Berichtsplan so zu standardisieren, dass jeder Projektmitarbeiter verpflichtet ist, diesen anzuwenden. Mittels EDV können die einzelnen Formatvorlagen durch eine Link-Funktion mit dem Berichtsplan verknüpft werden. So besteht für die Projektmitarbeiter die Möglichkeit, direkt auf die benötigten Formulare zuzugreifen.

2.3 Änderungen im Projekt – die Entscheidungsmatrix

Ein gut aufgebautes Berichtswesen organisiert die Informationsflüsse im Projekt, eine notwendige Voraussetzung für gute und zielgerichtete Projektarbeit.

Darüber hinaus ist es für alle Projektbeteiligten wichtig zu wissen, was mit den Informationen geschieht, d. h. wer konkret welche Entscheidungen trifft und wann das geschieht. Anstehende Entscheidungen werden, sofern sie der Projektleiter nicht direkt treffen kann, oft in persönlichen Gesprächen oder in Gremien getroffen, um das Für und Wider mit allen Betroffenen zu erörtern und einen tragfähigen Konsens erzielen zu können. Um den Überblick zu wahren und Kompetenzgerangel zu vermeiden, ist es sinnvoll, in Ergänzung zum Berichtsplan auch einen Plan zu erstellen in dem die Entscheidungswege dokumentiert sind.

Als Beispiel sei das Spannungsfeld des Projektleiters angeführt, das durch mehrere verschiedene Vorgesetzte hervorgerufen wird: Der Projektleiter berichtet sowohl an das Projektbüro stellvertretend für den Leitungskreis als auch an seinen Kunden als Projektauftraggeber und zusätzlich an seinen disziplinarischen Vorgesetzten. Daher muss er nicht nur wissen, wann und was er berichten soll, sondern auch, welche Entscheidungsbefugnis und -verpflichtung er selbst und seine verschiedenen Vorgesetzten ihm gegenüber haben – ansonsten riskiert er widersprüchliche Entscheidungen oder dass er bei Eskalationen ins Leere läuft, weil sich niemand zuständig fühlt oder die Verantwortung übernehmen will.

Abbildung 8 zeigt exemplarisch die typischen Informations- und Entscheidungswege in einem Projekt. Im nächsten Schritt ist es wichtig, die Befugnisse der verschiedenen Projektbeteiligten festzustellen. Vor allem der Projektleiter muss wissen, inwieweit er selbst entscheiden darf (z. B. Unterschriftsberechtigungen bis zu bestimmten Wertgrenzen, Personaleinsatz, Vertragsgestaltung etc.) und wann er wen einbinden muss. Er hat ein starkes Interesse daran, weil sich im Zweifelsfall alle an ihn wenden bzw. jeder ungeklärte Vorgang ohnehin auf seinem Schreibtisch landet.

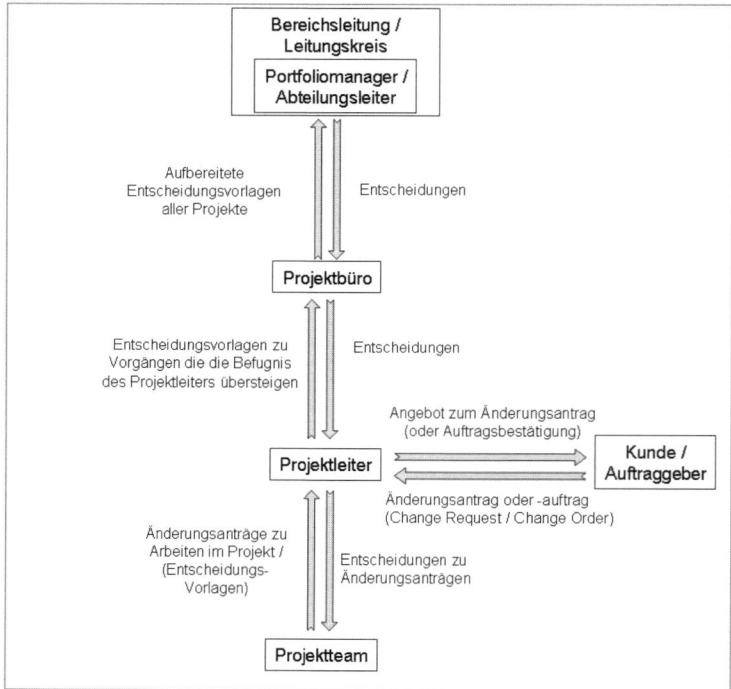

Abb. 8: Typische Informations- und Entscheidungswege in einem Projekt

---

Experten-Tipp:

Klären Sie als Projektleiter stets zu Projektbeginn die Informations- und Entscheidungswege sowie die Befugnisse der Projektbeteiligten und teilen Sie sie ihnen mit. Kämpfen Sie in Ihrem eigenen Interesse um Ihre eigene Entscheidungsbefugnis – die Verhandlung fällt Ihnen wesentlich leichter, solange das Projekt noch nicht verabschiedet und gestartet wurde.

Gremium/ Instanz	Zielsetzung	Entscheidungsbefugnis	Beteiligte	Terminplanung/ Dauer	Art des Treffens/Medium
Projektbesprechung im Team	Projektstatus feststellen; Klärung offener Fragen	Entscheidungen innerhalb des Projektauftrages und des -budgets	Projektleiter und -team	1x pro Woche 2 h	Web-Meeting, einmal im Monat Sitzung
Projektbesprechung mit dem Auftraggeber	Projektstatus feststellen; Klärung offener Fragen	Projektleiter: Entscheidungen innerhalb des Projektauftrages und des -budgets	Auftraggeber, Projektleiter, ggf. Projektkaufmann und Experten	1x pro Woche 1 h	Sitzung oder Web-Meeting
Projektstatussitzung mit dem Leitungskreis	Erläuterung des Projektstatus; Feststellung von Risiken und Abweichungen; Verabschiedung von Maßnahmen	Änderungen des Projektauftrags und des Budgets; Change Requests des Kunden, Claims gegenüber Kunde und Lieferant	Leitungskreis, Projektleiter, Projektbüro	1x pro Monat 20 Min.	Sitzung mit Präsentation des Projektleiters
Meilensteinfreigabe	Freigabe der nächsten Projektphase	wie Projektstatussitzung	Leitungskreis, Projektleiter, Projektbüro	Bei Erreichen eines Meilensteines	Sitzung mit Präsentation des Projektleiters
Jour Fixe mit dem Projektbüro	Erläuterung des Wochenberichtes und von Entscheidungsvorlagen	Entscheidungen unterhalb von 3000 €; darüber Entscheidung im Leitungskreis (wöchentlich)	Projektbüro, Projektleiter	1x pro Woche 30 Min.	Telefon oder persönliches Gespräch
Jour Fixe mit Experten (Fachbesprechung)	Feststellung des Status einzelner Gewerke und Arbeitspakete, Erläuterung der Arbeitspaketberichte, Lösung von Problemen	Innerhalb Projektauftrag/ -budget	Projektleiter, Teammitglieder	1x pro Woche, 30 Min.	Telefon oder persönliches Gespräch

Abb. 9: Entscheidungsmatrix an einem Projektbeispiel

2.4 Projekte steuern: der richtige Bericht zum richtigen Zeitpunkt

Gerade innerhalb der Projektsteuerung, also wenn das Projekt realisiert wird, fließen viele Projektinformationen, die zielgerichtet kanalisiert werden müssen. Je nach Projektdauer empfiehlt es sich, einen regelmäßigen Projektüberwachungszyklus festzulegen:

Projektdauer 1 bis 3 Monate   =   14-tägiger Überwachungszyklus

Projektdauer 4 bis 12 Monate   =   monatlicher Überwachungszyklus

Projektdauer > 12 Monate   =   vierteljährlicher Überwachungszyklus

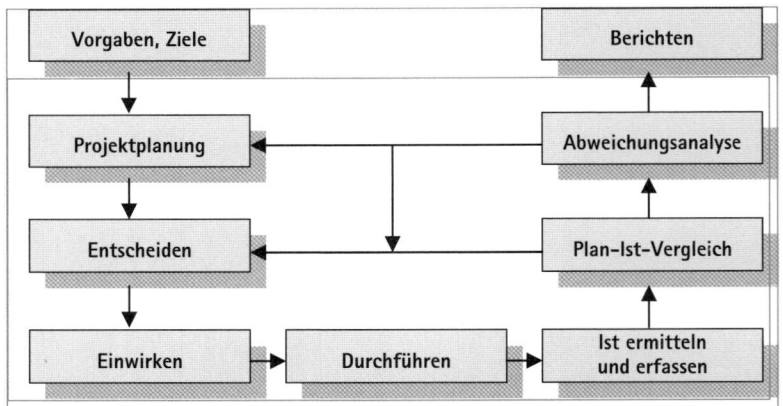

Abb. 10: Projekt-Regelkreis (aus dem Projektmanagement Fachmann der Deutschen Gesellschaft für Projektmanagement – PMF)

Auch können Sie bei Start des Projektes und zum Projektabschluss die Überwachungszyklen enger gestalten. Da erfahrungsgemäß diese Phasen besonders kritisch sind.

Beispiel:

Nachdem die Projektplanung verabschiedet wird, erfolgt die Projektrealisierung. Je nach Projektdauer wird der Projektüberwachungszyklus festgelegt. Aus der Projektüberwachung erfolgt die Analyse von eventuellen Abweichungen. Diese Abweichungsanalyse erfordert gegebenenfalls eine Projektänderung oder sogar eine Zielkorrektur. Der Projektleiter dokumentiert die Abweichungen und Änderungen und berichtet dem festgelegten Empfänger über den Projektstatus.

Weiterführende Literatur zum Berichtswesen

- „Berichtswesen optimieren. So steigern Sie die Effizienz in Reporting und Controlling" von Mirko Waniczek, Ueberreuter Wirtschaft 2002, ISBN 3832308652
- „Excellence im Management-Reporting: Transparenz für die Unternehmenssteuerung (Advanced Controlling)" von Jürgen Weber, Regina Malz und Thomas Lührmann, Wiley VCH 2008, ISBN 3527503811
- „A Guide to the Project Management Body of Knowledge (Pmbok Guide)" von Project Mangement Institute (Herausgeber), 4. Auflage 2010, ISBN 1933890665

3 Berichte für alle Fälle: zeitorientierte und ereignisorientierte Berichte

Aussagekräftige Berichte sind das Rückgrat für die Steuerung und die Kontrolle der Projekte. Daher zählt der Aufbau eines Berichtswesens zu den organisatorischen Aufgaben im Projektmanagement.

Dieses Kapitel geht auf die Bedeutung des Berichtswesens ein und stellt das Instrumentarium und die Berichtsarten in den verschiedenen Phasen des Portfolio- und des Projektmanagements dar.

3.1 Projekte durch Berichte in ein Portfolio einbetten

In Abbildung 11 ist ein einfacher, allgemeingültiger Projektportfolioprozess dargestellt, der die Phasen Strategieentwicklung, Portfolioplanung, Portfolioumsetzung und Portfolioreview beinhaltet. Die in den einzelnen Phasen erzeugten Dokumente sind durch Fähnchen angedeutet. Im Einzelnen sind es Strategiepapiere, Geschäftspläne, Status- und Abschlussberichte sowie die Bewertung des Portfolios.

Die einzelnen Projekte sind in den Portfolioprozess eingebettet. Die Statusberichte auf Portfolioebene dienen zu ihrer Initialisierung, Priorisierung und Steuerung aus übergeordneter Sicht, in der Regel ist dies die Geschäftsleitung oder der Leitungskreis.

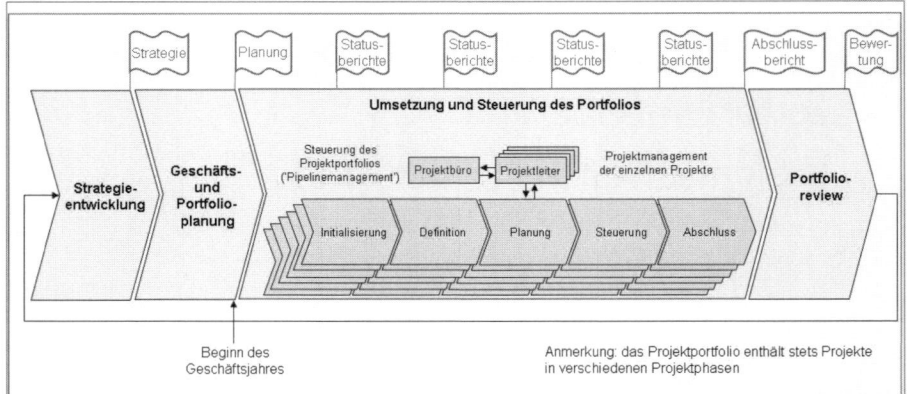

Abb. 11: Der Prozess des Projektportfoliomanagements im Überblick

Die einzelnen Phasen und Meilensteine des Portfolioprozesses im Überblick:

Die Geschäftsstrategie wird in der Regel einmal jährlich von der Geschäftsleitung entwickelt. Sie beinhaltet Ziele und Vorgaben zur Entwicklung der Geschäftstätigkeit, so zum Beispiel

- der Aufbau von Kunden und Marktanteilen
- die Entwicklung von Technologien und Produkten
- die Positionierung der eigenen Firma im Anbieterfeld
- die Entwicklung der eigenen Organisation und Infrastruktur.

Im Zuge der darauf folgenden Geschäftsplanung wird die Strategie in operative Ziele und Umsetzungspläne für die Unternehmensbereiche heruntergebrochen, die sie wiederum für ihre eigenen Abteilungen weiter kaskadieren.

Im Projektgeschäft erhalten die Portfoliomanager also von der Geschäftsleitung sowohl operative Ziele (wie z. B. das zu erreichende Gesamtvolumen und die Erträge aller Kundenprojekte zusammen) als auch strategische Ziele (wie z. B. die erfolgreiche Einführung einer neuen Technologie oder die Erhöhung des Marktanteils). Mit diesen Vorgaben planen die Portfoliomanager die konkreten Vorhaben, die sie zur Umsetzung der Geschäftsstrategie initialisieren wollen. Als Beispiel kann das Projektportfolio eines Bereiches die Kundenprojekte nach Art und Anzahl als auch die internen Projekte zur Produktentwicklung beinhalten.

Was leistet die Portfolioplanung also?

Alle beabsichtigten Projekte benötigen Geld und Ressourcen. Das Ziel einer Projektportfolioplanung ist es, ein Bild von der Summe aller zu realisierenden Vorhaben zu bekommen und dafür einen realistischen Kosten- und Ressourcenrahmen zu planen. Außerdem wird aus der Portfoliosicht Handlungsbedarf im Gesamtgeschäft erkannt, z. B. durch die gezielte Akquisition und Priorisierung von profitablen Projekten, wenn die Ertragslage des Gesamtportfolios hinter den Erwartungen zurückbleibt. Die Projekte können durch Portfoliodarstellungen entsprechend ihrer strategischen Bedeutung gesteuert und priorisiert werden.

Am Abschluss der Portfolioplanungsphase legen die Portfoliomanager der Geschäftsleitung eine Übersicht zu akquirierender oder zu initialisierender Projekte mit Projektzielen und -budgets vor. Diese kann bereits konkrete Projekte enthalten oder auch budgetäre Aussagen, sofern die konkreten Projekte erst im Laufe des Geschäftsjahres initialisiert werden können.

Mit der Genehmigung der Portfolioplanung beginnt die Umsetzungsphase, mithin das Projektmanagement der einzelnen Projekte mit einem in Abbildung 11 gezeigten allgemeingültigen Projektmanagement-Prozess, der die Phasen Initialisierung, Definition, Planung, Realisierung und Abschluss umfasst. Auf die einzelnen Projektberichte wird im folgenden Abschnitt genauer eingegangen. In der Praxis sind natürlich stets Projekte in den unterschiedlichsten Phasen im Portfolio, so dass die Portfolioumsetzung und -steuerung rollierend geschieht.

Im Verlauf des Geschäftsjahres dienen die Strategie, die Ziele und die Pläne dann als Bezugsgröße für das Controlling. Sie werden zyklisch mit den erreichten Ergebnissen verglichen. In der Praxis lässt sich der Portfoliomanager oder das Projektbüro hierfür von den einzelnen Projekten Statusberichte schicken (siehe Kapitel 2), aus denen ein konsolidierter Statusbericht für das Projektportfolio erstellt wird. Damit ist die Grundlage für die Besprechung, die Bewertung und die Steuerung des aktuellen Projektportfolios geschaffen.

Weiterführende Literatur zum Portfoliomanagement und zur Einrichtung eines Projektbüros

- „Multiprojektmanagement: Projekte erfolgreich planen, vernetzen und steuern" von Gero Lomnitz, Moderne Industrie, 3. Auflage 2008, ISBN 3636031627
- „The Program Management Office: Establishing, Managing and Growing the Value of a Pmo" von Craig J. Letavec, J. Ross Publishing 2007, ISBN 1932159592
- „Creating the Project Office" von R. Englund et al., John Wiley & sons 2003, ISBN 0787963984
- „Advanced Project Portfolio Management and the PMO" von G.I. Kendall und S.C. Rollins, J. Ross Publishing 2003, ISBN 1-932159-02-9
- „The Project Office" von T.R. Block und J.D. Frame, Crisp Publications 1998, ISBN 1-56052-443-X
- „The Project Management Office Toolkit" von J. Hallows, American Management Association 2002, ISBN 0-8144-0663-7

3.2 Regelmäßig Fortschritte dokumentieren: zeitorientierte Projektberichte

Der operative Kern des Portfolioprozesses sind stets die einzelnen Projekte. Zur Steuerung von Projekten ist ein regelmäßiger und gut strukturierter Informationsfluss unerlässlich. Zum einen müssen die Verantwortlichen in die Lage versetzt werden, Maßnahmen zeitnah zu beschließen. Zum anderen müssen die Projektpläne auf einem aktuellen Stand gehalten werden.

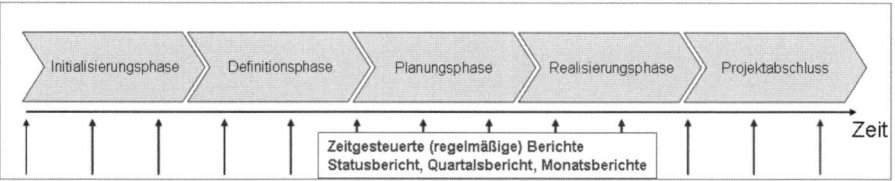

Abb. 12: Zeitgesteuerte Berichte

Abbildung 12 zeigt das Prinzip zeitgesteuerter Berichte, die regelmäßig erstellt werden. Der Berichtszyklus kann sich im Projektverlauf ändern, z. B. in „heißen" Phasen oder in Projektkrisen, um eine engere Projektsteuerung zu gewährleisten.

Es gibt verschiedene Arten von zeitorientierten Projektberichten. Zunächst ist der Projektstatusbericht zu nennen. Er enthält die wichtigsten Aussagen über das Projekt zu einem bestimmten Zeitpunkt. Typischerweise handelt es sich um den Stand der inhaltlichen Arbeiten und etwaige Probleme in Relation zum Zeitplan sowie die aufgelaufenen Aufwände. Er sollte inhaltlich und strukturell auf die Interessen des Empfängerkreises (z. B. Kunde, Lenkungsausschuss, übergeordnetes Management) maßgeschneidert werden. Das gilt generell für die Inhalte und die Detailtiefe aller Ihrer Statusberichte.

Tages-, Wochen-, Monats- oder Quartalsberichte beschreiben die wichtigsten Fortschritte im Berichtszeitraum und zusätzlich den Projektstatus. Dabei ist der Berichtszeitraum von der Intensität der Projektarbeit abhängig: Je intensiver die Arbeiten und je enger der Zeitplan, desto wichtiger ist zeitnahe Entscheidungsfindung und damit häufige Berichterstattung. Oft werden auch verschiedene Zeitstaffeln parallel geführt: So kann ein Bericht auf wöchentlicher Basis kurz und knapp gehalten sein und sich wirklich nur auf die Vorgänge in diesem kurzen Zeitraum beschränken. Im Monats- oder im Quartalsbericht hingegen werden die größeren Zusammenhänge beleuchtet und es wird weniger Wert auf operative Themen gelegt. Orientieren Sie die Berichtszeiträume also an der Intensität der Projektarbeit und fragen Sie sich, wie häufig es zur Projektsteuerung notwendig ist, sich berichten zu lassen. Dies entspricht den Grundsätzen eines entscheidungsorientierten Berichtswesens.

Ein Arbeitspaketbericht ist ein kurzer, speziell auf ein Arbeitspaket oder eine konkrete Aufgabe ausgelegter Bericht. Empfänger ist die Projektleitung. Schließlich ist das Projektbesprechungsprotokoll zu erwähnen, denn meist finden Projektbesprechungen (wie z. B. Statussitzungen) regelmäßig statt, so dass sich das Besprechungsprotokoll mit wenigen zusätzlichen Erläuterungen als Bericht eignet.

Achtung:
Nutzen Sie die vorhandene Berichterstattung und vermeiden Sie redundante Berichte (Mehrfachberichterstattung), besonders wenn Sie verschiedene Berichtsarten pflegen.

Initialisierungsphase: ein Vorhaben wird zum Projekt

Bei der „Geburt" eines Projekts stehen zunächst die Formulierung der Projektidee sowie die Gewinnung von Unterstützern und die Klärung von Zuständigkeiten im Vordergrund. Solange sich das Projektumfeld noch sehr stark ändert, die Projektziele noch nicht abgesteckt und die Projektbeteiligten noch nicht benannt sind, ist eine regelmäßige Berichterstattung mangels Adressaten auch nicht sinnvoll. Daher schauen wir gleich in die Definitionsphase.

Definitionsphase: Stakeholder proaktiv informieren und motivieren

In dieser frühen Phase des Projektes sind die Strukturen zu schaffen, die später die erfolgreiche Planung und Realisierung gewährleisten. Dabei stehen zunächst die Erstellung des Anforderungskataloges und der Projektziele, die Entwicklung der Projektorganisation und des Projektstrukturplanes im Mittelpunkt der Aktivitäten.

In der Definitionsphase von Projekten dienen zeitorientierte Projektberichte also dazu, das entsprechende Projektumfeld, die so genannten Stakeholder, zu informieren und zur Mitarbeit zu ermutigen. Stakeholder sind dabei alle Personen und Organisationen, die ein Interesse an dem Projekt haben, Einfluss darauf nehmen können oder von ihm beeinflusst werden können. Die wichtigsten Stakehol-

der sind stets der Kunde, der Lenkungsausschuss und die Projektmitglieder. Außerdem sind Fachabteilungen, Kaufmannschaft, andere Projektleiter und deren Teams typische Stakeholder. In der
Definitionsphase sollten Sie Ihre Projektberichte proaktiv zur Einbindung Ihrer Stakeholder nutzen.

**Weiterführende Literatur zur Initialisierungs- und zur Definitions-
phase**

- „A Guide to the Project Management Body of Knowledge (Pmbok
  Guide)" von Project Management Institute (Herausgeber), 4. Auflage
  2010, ISBN 1933890665

- „Einführung in Projektmanagement: Definition, Planung, Kontrolle
  und Abschluss" von Manfred Burghardt, Publicis Corporate Publishing
  5. Auflage 2007, ISBN 3895783013

- „Projekte managen" von Heinz Schulz-Wimmer, Haufe 2007,
  ISBN 3448047864

Planungsphase: Erste Ergebnisse zusammenfassen

Das Ziel der Planungsphase ist die Vorausschau auf die Projektrealisierung und die Erstellung eines konsistenten Zeit- und Mengenge-
rüstes. Zu erstellen sind der Projektstrukturplan, der Projektorgani-
sationsplan, der Zeitplan und der Meilensteinplan, der Risikoplan
sowie Ressourcenpläne und der Kostenplan und gegebenenfalls auch
der Umsatzplan. Wichtig ist außerdem die Klärung von so genannten Planungsprämissen. Dies sind von außen auferlegte Beschränkungen und Restriktionen (z. B. von Ressourcen).

In der Planungsphase eines Projektes dienen zeitorientierte Projektberichte daher in erster Linie der Darstellung von Fortschritten bei
der Erstellung des Planungsgerüstes. Jedoch sollten, um den Be-
richtsumfang vertretbar zu halten, nur Verweise auf die Pläne, deren
Status und ihre momentane Qualität genannt werden. Die Pläne
sollten sich auf einem für die Projektmitglieder zugänglichen Lauf-
werk befinden und somit einsehbar sein. Nutzen Sie Ihre Projektbe-

richte in der Planungsphase als Medium zur Zusammenfassung der Planungsaktivitäten und damit verbundener offener Fragen.

Weiterführende Literatur zur Projektplanungsphase

- „ProjektManager" von Heinz Schelle, Roland Ottmann und Astrid Pfeiffer, 3. Auflage GPM 2008, ISBN 3924841268
- „Einführung in Projektmanagement: Definition, Planung, Kontrolle und Abschluss" von Manfred Burghardt, Publicis Corporate Publishing 5. Auflage 2007, ISBN 3895783013
- „Projekte managen" von Heinz Schulz-Wimmer, Haufe 2007, ISBN 3448047864
- „Projektmanagement: Leitfaden zum Management von Projekten, Projektportfolios und projektorientierten Unternehmen" von Gerold Patzak und Günter Rattay, Linde 5. Auflage 2008, ISBN 3714301496
- „Crashkurs Projektmanagement" von Sabine Peipe, 4. Auflage 2009, Haufe, ISBN 3448093394

Realisierungsphase: Diskrepanzen zwischen Plan und Realität aufdecken

In der Realisierungsphase werden Mitarbeiter, Material und andere Projektressourcen zur Umsetzung der Pläne eingesetzt. Daher ist die wichtigste Aktivität des Projektmanagements nun die Projektüberwachung und -steuerung. Abweichungen vom geplanten Projektablauf sollen frühzeitig erkannt werden, um Maßnahmen einzuleiten.

Projektberichte leisten dabei den wichtigsten Beitrag zur Datenerhebung und -weitergabe. Sie fokussieren auf die Fortschritte seit dem letzten Bericht und insbesondere auf die akut anstehenden Fragestellungen und Probleme. Sie sollten sich dabei stets auf die Planung als Referenzgröße beziehen. Nutzen Sie Ihre Projektberichte in der Realisierungsphase zur Abfrage und Gegenüberstellung von Planung und Realität und zur Darstellung entsprechender Maßnahmen, um das gesamte Team gleichermaßen informiert zu halten.

Der Lenkungsausschuss ist, im Gegensatz zum Projektteam, in erster Linie an der Aussage interessiert, inwiefern das Projekt planmäßig verläuft. Erst in zweiter Linie sind hier Details gefragt.

Achtung:
Stellen Sie eine allgemeinverständliche Zusammenfassung für Ihr Management an den Anfang des Berichts.

Außerdem werden die Berichte archiviert und bilden den Erfahrungsschatz für die Projektabschlussanalyse. Gerade hinsichtlich des Auftretens von Projektrisiken ist es nützlich, den Projektverlauf anhand der Berichte aufzuzeichnen. Folgeprojekte können ihre Planungen und ihr Risikomanagement darauf aufbauen, daher sind die Berichte für die gesamte Organisation bedeutsam. Betrachten Sie die Projektberichte deshalb als Erfahrungsschatz für nachfolgende Projekte und archivieren Sie diese.

Kürze und Prägnanz sind dabei die wichtigsten Tugenden, denn seitenlange Texte werden nun einmal nicht gelesen. Daher ist es oft sinnvoll, auf Anlagen zu verweisen, die sich in der Projektablage finden. Beispiele dafür sind die detaillierten Pläne oder auch technische Analysen.

Weiterführende Literatur zur Projektrealisierungsphase mit dem Schwerpunkt Controlling

- „Projektcontrolling. Projekte steuern, überwachen und präsentieren" von Berta C. Schreckeneder, 3. Auflage 2010, Haufe, ISBN 3448100978
- „Projektcontrolling: Den Controlling-Prozess vereinfachen und standardisieren" von Martin Kärner. In: „Projektmagazin" 15/2004
- „Projektcontrolling: Der Informations- und Datenfluss" von Martin Kärner. In: Projektmagazin 10/2004
- „Projektcontrolling: Kosten, Termine und Leistung pragmatisch überwachen" von Martin Kärner. In: Projektmagazin 06/2004
- „Projektmanagement: Methoden, Techniken, Verhaltensweisen. Evolutionäres Projektmanagement" von Hans D. Litke, 5. Auflage 2007, Hanser, ISBN 3446409971

Abschlussphase: Erreichte und offene Ziele benennen

Projekte sind per Definition zeitlich, inhaltlich und mengenmäßig geschlossene Vorhaben. Daher geht es in der Abschlussphase in erster Linie darum, im Rahmen von Abnahmen das Erreichen des vereinbarten Liefer- und Leistungsumfanges nachzuweisen, um das Projekt formell beenden zu können. Insofern ist ein zeitorientierter Projektbericht zweckmäßigerweise daran ausgerichtet, die bereits erfüllten Projektziele und die Aktivitäten auf dem Weg zur Erreichung der noch nicht erfüllten Projektziele darzustellen.

Achtung:
Berichten Sie am Ende eines Projektes besonders über die verbleibenden Aktivitäten bis zum Projektabschluss.

Weiterführende Literatur zum Projektabschluss

- „Projekte managen" von Heinz Schulz-Wimmer, Haufe 2007, ISBN 3448047864
- „Crashkurs Projektmanagement" von Sabine Peipe, 4. Auflage 2009, Haufe, ISBN 3448093394

3.3 Meilensteine und Änderungen: ereignisorientierte Projektberichte

Ereignisorientierte Projektberichte werden bei Erreichen eines vorab festgelegten Arbeitsergebnisses (z. B. Meilenstein, Phasenabschluss, Abnahme, Qualifikation, Freigabe) oder bei größeren Änderungen im Projektverlauf eingesetzt. In Abbildung 13 sind Meilensteine durch Fahnen (M = Meilenstein) als Abschluss einer Projektphase und größere Änderungen als Blitze (E = Ereignis) versinnbildlicht.

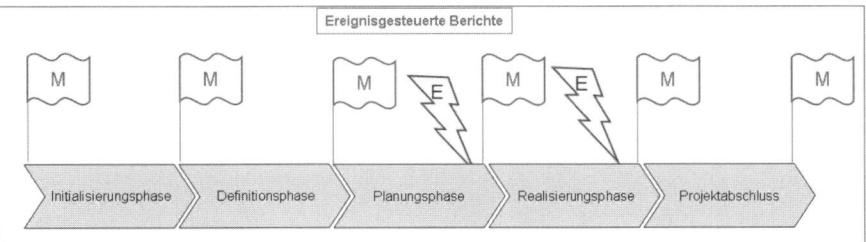

Abb. 13: Ereignisgesteuerte Projektberichte

Bei Erreichen eines Meilensteins oder eines anderen geplanten Ergebnisses wird die Gesamtsituation im Projekt dargestellt, der Übergang in die nächste Projektphase beschlossen und der Projektstatus an den Lenkungsausschuss in Form eines Meilensteinberichts weitergegeben und dokumentiert.

Ungeplante Ereignisse sind z. B. das Eintreten von Projektrisiken oder die Änderung der Projektziele. In diesen Fällen besteht Entscheidungsbedarf, wie mit der neuen Situation umgegangen werden soll.

Es lassen sich drei Arten von ereignisorientierten Projektberichten unterscheiden. Erstens der Projektmeilensteinbericht oder auch Phasenabnahmebericht. Er beinhaltet eine Rückschau auf die Projektphase und stellt die zum Erreichen des Meilensteines erzielten Ergebnisse vor. Dies sind die inhaltlichen Fortschritte, die aufgetretenen Risiken und die benötigten Ressourcen. Nutzen Sie den Meilensteinbericht zur Darstellung und Dokumentation der Gesamtsituation im Projekt.

Zweitens gibt es den Sofortbericht, der dann eingesetzt wird, wenn unverzüglich Entscheidungen getroffen werden müssen. Er beinhaltet ausschließlich Informationen, die das Ereignis, seine Konsequenzen für das Projekt und Maßnahmen bzw. Vorschläge beschreiben (siehe Kapitel 3.4 „Entscheidungsvorlagen"). Halten Sie solche Sofortberichte möglichst kurz und ganz auf das Ereignis fokussiert, um schnell und umfassend zu informieren und notwendige Entscheidungen zu erhalten.

Der Änderungsbericht wird schließlich bei Bedarf eingesetzt, z. B. bei Änderungen der Kundenanforderungen. Hier sind die Auswirkungen auf das Projekt zu beschreiben und notwendige Entscheidungen einzuholen, genauso wie beim Sofortbericht, bzw. Maßnahmen zu kommunizieren. Änderungen mit Auswirkungen auf das Projekt sollten Sie stets zeitnah und prägnant mitteilen, um Fehlleistungskosten zu vermeiden.

Weiterführende Literatur mit den Schwerpunkten Risiko- und Änderungsmanagement

- „Risikomanagement in Projekten" [Taschenbuch] von Horst Harrant und Angela Hemmrich, Hanser 2004, ISBN 3446225927
- „Risikomanagement in Projekten. Die häufigsten Fallen und Gefahren – die besten Sofortmaßnahmen" von Uwe Rohrschneider, Haufe 2006, ISBN 3448068195
- „Bärentango: Mit Risikomanagement Projekte zum Erfolg führen" von Tom DeMarco, Hanser 2003, ISBN 3446223339
- „Projektmanagement: Methoden, Techniken, Verhaltensweisen. Evolutionäres Projektmanagement" von Hans D. Litke, 5. Auflage 2007, Hanser, ISBN 3446409971
- „A Guide to the Project Management Body of Knowledge (Pmbok Guide)" von Project Management Institute (Herausgeber), 4. Auflage 2010, ISBN 1933890665

Initialisierungs- und Definitionsphase: Überblick von Anfang an per Projektsteckbrief

Vom ersten Moment der Initialisierung an sollte an „lebenden" Dokumenten gearbeitet werden, die an Interessierte und Beteiligte weitergegeben werden können und mit der fortschreitenden Klärung von Projektzielen, -inhalten und Stakeholdern immer präziser und umfangreicher werden.

Typische Meilensteine in der Initialisierungs- und in der Definitionsphase sind Entscheidungen über den Start des Projektes, wie z. B. so genannte Go/No-Go oder Bid/No-Bid-Aussagen, sowie Projektfreigaben z. B. zum Übertritt in die Planungsphase. Wichtige Inhalte eines entsprechenden Meilensteinberichts sind die Projektziele und -vorgaben (z. B. Beschränkungen hinsichtlich Ressourcen) sowie die Projektaufbau- und die Ablauforganisation. Außerdem sollen die wichtigsten noch zu klärenden Punkte der Projektdefinition aufgeführt werden.

Eine häufig verwendete Form dieses Berichtes ist der so genannte Projektsteckbrief. Berichten Sie am Ende der Definitionsphase immer sowohl die Kennzahlen als auch die Strukturen (Ablauf, Organisation) des Projekts und die offenen Fragen.

Weiterführende Literatur mit Schwerpunkt zu Meilensteinen in der Definitionsphase

- „Angebots- und Ausführungsmanagement. Leitfaden für Bauunternehmen" von Gerhard Girmscheid, Springer 2004, ISBN 3-54040-3051

Planungsphase: Blitzlicht auf den voraussichtlichen Projektverlauf mit allen Risiken

Das Ergebnis der Planungsphase ist ein konsistentes Gerüst von Zeiten, Mengen und Qualitäten, welches zur Zielerreichung benötigt wird. Die Gesamtheit aller Pläne ist daher eine Vorausschau auf den voraussichtlichen Projektverlauf. Sie sollte vollständig, in sich logisch, durchführbar und in Übereinstimmung mit den Projektzielen sein. Eine detaillierte Risikoanalyse ist integraler Bestandteil der Planung.

Insofern liefert der Projektbericht zum Abschluss der Planungsphase ein Blitzlicht auf den voraussichtlichen Projektverlauf, und von besonderem Interesse sind neben den anfallenden Aufwänden natürlich die zu erwartenden Risiken. Die Kernaussagen der Planung (Kennzahlen, Randbedingungen, Risiken) sollten daher explizit zusammengefasst werden, auf die Pläne selbst sollte dagegen je nach Umfang nur verwiesen werden. Vor allem sollten Änderungen der Ziele und der Konzepte im Vergleich zu vorherigen Meilensteinen (vgl. Definitionsphase) dargelegt werden. Berichten Sie am Ende der Planungsphase die Kennzahlen aus der Planung (bottom-up) im Vergleich zu den Projektzielen (top-down) sowie die Risiken des Projekts und die seit der Projektdefinition eingetretenen Änderungen.

Realisierungsphase: Zwischenabnahmen und Kostenkontrolle

Typische Meilensteine in der Realisierungsphase sind Zwischenabnahmen, wie z. B. die Fertigstellung bzw. Abnahme von Gewerken im Anlagengeschäft und die Fertigstellung oder Integration von wesentlichen Modulen im Systemgeschäft. Insofern dient der Bericht in der Realisierungsphase der Feststellung der erreichten Ergebnisse und gegebenenfalls noch zu erbringender Leistungen sowie der formellen Überleitung in die nächste Projektphase. Außerdem sind diese Abnahmen oft mit Änderungen im Projektteam verbunden, da bestimmte Teilprojekte erfüllt sind und die entsprechenden Teammitglieder entlastet werden sollen, während andere Teilprojekte beginnen und somit neue Mitglieder hinzukommen. Stellen Sie deshalb bei Abnahmen in der Realisierungsphase die erreichten Ergebnisse, die noch zu erbringenden Leistungen zum Übertritt in die nächste Projektphase sowie die Änderungen (z. B. im Projektteam) dar.

Meist finden Zwischenabnahmen im Rahmen von Projektstatustreffen statt, daher kann der Bericht oft direkt aus dem Protokoll abgeleitet werden. Protokolle von Statusmeetings können Sie als Basis für Ihre Projektberichte nutzen, um Aufwand zu sparen.

Natürlich treten in der Realisierungsphase auch mannigfaltige Änderungen auf, die Änderungs- oder Sofortberichte erfordern, denn Pläne können je nach Neuigkeits- und Risikograd den Projektverlauf nur mehr oder weniger akkurat vorhersagen. Zudem fallen in der Realisierungsphase die höchsten Aufwände an, so dass der Faktor Zeit oft eine entscheidende Rolle bei der Vermeidung von Fehlleistungskosten spielt. Die klassischen Beispiele hierfür sind Änderungen des Liefer- und Leistungsumfanges (so genanntes Change-Order-Management) und Verstöße gegen den vertraglich vereinbarten Liefer- und Leistungsumfang (so genanntes Claim-Management) von Lieferanten und Kunden. Außerdem kann der Eintritt unvorhersehbarer oder besonders schwerwiegender Risiken zu Projektkrisen führen.

Achtung:
Stellen Sie sicher, dass Sie Ereignisse in der Realisierungsphase schnell und zuverlässig berichtet bekommen, damit Sie reagieren können.

Weiterführende Literatur zu Abweichungen in der Projektrealisierungsphase

- „Claim-Management im internationalen Anlagengeschäft" von Thomas Köhl, Deutscher Universitäts-Verlag 2000, ISBN 3-82447-1000
- „Claim Management" von Walter Gregorc und Karl-Ludwig Weiner, Publicis MCD 2009, 3895783358
- „Projektkrisen erfolgreich bewältigen" von Martin Kärner. In: „Projektmagazin" 01/2004
- „Projektkrisen erkennen und verhindern" von Martin Kärner. In „Projektmagazin" 01/2004
- „Krisenmanagement in Projekten" von Michael Neubauer, Springer 2002, ISBN 3-540-443-554

Abschlussphase: Ergebnisse analysieren und lernen für das nächste Projekt

Der letzte Meilenstein ist stets der Projektabschluss, insofern ist der Abschlussbericht auch der letzte Projektbericht. In ihm sollten die wichtigsten Ergebnisse des Projektes analysiert werden. Im Einzelnen sind das die fachlich-inhaltlichen, die wirtschaftlichen und die organisatorischen Aspekte. Außerdem ist das Ende des Projektes explizit festzustellen und das Team zu entlasten.

Ziel ist es, das Projektteam, die Entscheider und die anderen Stakeholder über die erreichten Ergebnisse in Relation zur ursprünglichen Planung zu informieren. Dabei ist von besonderem Interesse, welche Änderungen im Projektverlauf vorgenommen werden mussten und welche Risiken tatsächlich eingetreten sind. Für das Team ist der Abschlussbericht außerdem ein wichtiger Punkt der Identifikation mit dem Gesamtprojekt. Und für die Organisation ist es ein wichtiger Erfahrungsschatz für Folgeprojekte. Stellen Sie deshalb im Abschlussbericht das Erreichte dem ursprünglich Geplanten gegenüber und analysieren Sie den Projektverlauf und die eingetretenen Risiken als Erfahrungsschatz für Folgeprojekte.

Weiterführende Literatur zum Projektabschluss

- „Projekte managen" von Heinz Schulz-Wimmer, Haufe 2007, ISBN 3448047864
- „Projektcontrolling. Projekte steuern, überwachen und präsentieren" von Berta C. Schreckeneder, 3. Auflage 2010, Haufe, ISBN 3448100978
- „Crashkurs Projektmanagement" von Sabine Peipe, 4. Auflage 2009, Haufe ISBN 3448093394

3.4 Kurz und präzise: Entscheidungsvorlagen

Die Entscheidungsvorlage ist eine besondere Ausprägung von Projektberichten, die in allen Projektphasen benötigt wird. Jede Entscheidungsvorlage dient nur einem einzigen Zweck: eine für den Fortgang des Projektes notwendige Entscheidung zeitnah herbeizuführen.

Bei der Aufbereitung sind der Kenntnisstand und das Informationsbedürfnis der Entscheider zu beachten. Folgende Fragen sollten beantwortet werden:

- Was ist die Ursache, die eine Entscheidung notwendig macht?
- Welche Alternativen bestehen und welche Auswirkungen haben sie auf das Projekt?
- Was passiert, wenn nicht entschieden wird?
- Welches ist die favorisierte Lösung des Projektleiters und welche Aufwände verursacht sie?

Eine gut ausgearbeitete Entscheidungsvorlage hat auf einer bis maximal zwei Folien Platz und kann in einer Minute vorgestellt werden. Die Entscheider fragen nur nach Details, wenn sie den Bedarf dazu haben. Für diesen Fall ist es hilfreich, weitere Ausarbeitungen und Pläne in Reserve zu haben.

Weiterführende Literatur zum Thema Entscheidungen

- „Projekte managen" von Heinz Schulz-Wimmer, Haufe 2002, ISBN 3-448-04786-4, S. 40 ff.
- „Probleme in Projekten lösen – strukturiert und teamorientiert" von Martin Kärner. In: „Projektmagazin" 19/2004
- „Denken macht den Unterschied" von Quinn Spitzer et al., Campus 1998, ISBN 3-593-359-146

3.5 Die Berichtsarten im Überblick

Hier noch einmal alle erwähnten Projektberichte im Überblick – selbstverständlich bedeutet dies nicht, dass Sie sämtliche Formen verwenden müssen, um ein funktionstüchtiges Berichtswesen zu errichten. Auch würden sich viele Redundanzen ergeben, wollte man sie alle einsetzen. Vielmehr geht es darum, das Instrumentarium darzustellen und anhand der folgenden Beispiele zu erläutern.

Berichtsart	Inhalte
Projektstatusbericht	Zusammenfassung zum aktuellen Stand des Projekts (Kennzahlen, Fortschritte, Risiken)
Tages-, Wochen-, Monats-, Quartalsbericht	Ergebnisse im Berichtszeitraum und ihre Bedeutung für das Projekt
Arbeitspaketbericht	Aktueller Stand eines Arbeitspaketes
Meilensteinbericht	Informationen zum Projektstatus, die die Freigabe des Meilensteins und das Erreichen des nächsten betreffen

Phasenabnahmebericht	Informationen zum Projektstatus, die den Abschluss der aktuellen und den Übergang in die nächste Projektphase betreffen
Projektabschlussbericht	Abschlussanalyse und Dokumentation des Projektes (z. B. Wirtschaftlichkeit, Risiken, Innovationen)
Sofortbericht	Beschreibung eines Ereignisses und seiner Konsequenzen
Änderungsbericht	Beschreibung einer Änderung (z. B. Liefer- bzw. Leistungsumfang) und ihrer Konsequenzen, häufig in Verbindung mit Entscheidungsvorlage
Entscheidungsvorlage	Argumentation und Daten zur Herbeiführung einer Entscheidung

Tab. 2: Projektberichte im Überblick

4 Berichte und Templates im Portfoliomanagement – Fallbeispiel

4.1 Einführung

ProCompetence ist eine auf Dienstleistungen rund um das Personalmanagement spezialisierte Firma mit 50 festen und etwa 150 freien Mitarbeitern. Zum Leistungsspektrum von ProCompetence gehören die branchen- und kundenspezifische Konzeption, Entwicklung und Einführung von Verfahren zur Personalauswahl und -entwicklung wie z. B. Assessment Centern, Development Centern und Trainingsprogrammen in vielen verschiedenen Themenfeldern.

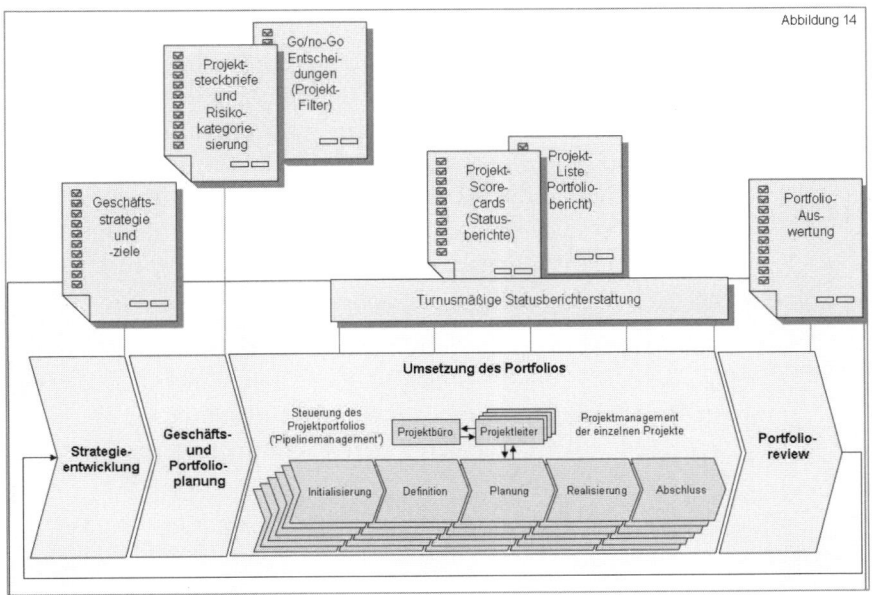

Abb. 14: Die Dokumente des Portfoliomanagements

Der Kundenstamm ist europaweit verteilt, daher hat sich ProCompetence nach Regionen organisiert. Jede Abteilung verantwortet das Geschäft in einer Region, im Einzelnen sind das Nordeuropa (Skandinavien, Großbritannien und Baltikum), Mitteleuropa (der deutsch- und französischsprachige Raum), Südeuropa (Spanien, Italien, Griechenland) und Osteuropa mit etwa gleich großem Kundenstamm. Die Abteilungsleiter sind also gleichzeitig auch die Portfoliomanager für die Projekte in ihrer Region.

Bei jedem Kunden laufen oft mehrere Aufträge gleichzeitig, die als Projekte abgewickelt werden. Das Projektportfolio umfasst daher stets im Schnitt 20 Kundenprojekte in Akquise und Auftragsbearbeitung. Typische Projektlaufzeiten sind 1-2 Jahre. Zusätzlich gibt es Entwicklungsprojekte, in denen neue Produkte und Leistungen von ProCompetence vorbereitet werden. Dementsprechend groß ist die Anzahl der Projektleiter und -teams. Die festen Mitarbeiter übernehmen die Kundenbetreuung und die Projektleitung, während die freien Mitarbeiter je nach benötigter Expertise in den Teams eingesetzt werden.

Das Geschäft ist in den letzten Jahren stark gewachsen, und um den Überblick zu wahren, hat sich die Geschäftsleitung dazu entschlossen, Portfoliomanagement-Methoden anzuwenden. Die übergeordnete Steuerung der Projekte ist auch dringend notwendig geworden, denn es ist dem Leitungskreis kaum möglich, jedes einzelne Projekt nacheinander in einer Sitzung durchzuarbeiten – Konzentration auf die notwendigen Entscheidungen und auf die Brennpunkte ist gefragt.

In Abbildung 14 sind die Dokumente in den Portfolioprozess eingefügt, die der Leitungskreis und das Projektbüro regelmäßig verwenden. Dem Leitungskreis gehören der Geschäftsführer, der kaufmännische Leiter, die Leiter der 4 Regionenteams und der Leiter des Projektbüros an.

4.2 Die Voraussetzung für Portfoliomanagement schaffen: Strategieentwicklung

An dieser Stelle ist ein kurzes Eindenken in die Geschäftssituation von ProCompetence erforderlich – hier in Kurzform die im vergangenen Geschäftsjahr erzielten Ergebnisse sowie die daraus abgeleiteten Vorgaben für das kommende Geschäftsjahr. Also der für die Projektportfolioplanung notwendige Ausschnitt aus den Geschäftszielen:

- Es wurde ein Umsatzwachstum von 30 % erzielt, vor allem bei Kunden in den angestammten Regionen Mittel- und Nordeuropa. Süd- und Osteuropa blieben hingegen hinter den Prognosen zurück.
- Der Gewinn ging trotz des hohen Umsatzwachstums um die Hälfte zurück, ein Alarmsignal für die Geschäftsleitung. Dies wurde zum Einen auf die erstarkende Konkurrenz zurückgeführt, so dass die Kunden Alternativen hatten und für dieselbe Leistung weniger zu bezahlen bereit waren. Außerdem gingen einige Projekte schief und verursachten hohe Zusatzkosten – das starke Umsatzwachstum hatte eben auch eine wesentlich höhere Anzahl von Kundenprojekten zur Folge, so dass Ressourcenengpässe an der Tagesordnung waren. Vor allem die erfahrenen Mitarbeiter hätten sich in mehreren Projekten gleichzeitig zerreißen müssen.

Aus dieser Analyse wurden folgende strategische Vorgaben für das kommende Geschäftsjahr beschlossen:

- Gewinn vor Umsatz – in der Akquisition sollen also eher Vorhaben mit guten Ergebnisaussichten „reingeholt" werden.
- Der Katalog an Dienstleistungen soll so modernisiert und erweitert werden, dass ProCompetence in den Augen der Kunden wieder als Marktführer anerkannt wird. Das betrifft vor allem ganzheitliche Lösungen bei der IT Unterstützung.

- die zuletzt brachliegenden Märkte in Süd- und Osteuropa sollen durch gezielte Marketingmaßnahmen verstärkt erschlossen werden.
- In der Abwicklung sollen teure Projektkrisen durch verbessertes Risiko- und Ressourcenmanagement vermieden werden. Daher wurde ein Projektbüro gegründet, welches das Reporting und das Controlling aller Projekte organisiert.

Soweit einige strategische Vorgaben in aller Kürze, die der beispielhaften Bewertung von Projekten dienen.

4.3 Die Portfolioplanung

Die Teamleiter gehen mit den strategischen Vorgaben in die Geschäftsplanung und überlegen sich, durch welche Vorhaben sie die Ziele erreichen können.

Diese werden inhaltlich und von den Aufwänden her grob skizziert. Ein Projektsteckbrief fasst die wesentlichen Informationen zusammen und dient als Grundlage für die Diskussion und zur Verabschiedung jedes Projekts im Leitungskreis. Auf der folgenden Seite finden Sie ein Muster für einen Projektsteckbrief.

Projektsteckbrief

Projektinformation					
Projekt- name	Kunde	Region	Angebots-/ Auftrags- nummer	Projekt- leiter	Auftrags- volumen

Beschreibung des Projekts
Zweck des Projekts: a) Welches Problem löst das Projekt beim Kunden? b) Woran wird der Projekterfolg gemessen?
Projektinhalte: Welche Lieferungen/Leistungen werden erbracht?
Benötigte Fachinhalte/Expertise:
Welche Mitarbeit des Kunden ist erforderlich?

Eckdaten für die Planung	
Zeitplanung: **Geplante Projektmeilensteine:**	**Datum**
1.) Projekt ist initialisiert (Angebot ist abgegeben): Angebotsnummer:	
2.) Projekt ist definiert (Auftrag erhalten): Auftragsnummer:	
3.) Planung abgeschlossen (Mengengerüst steht): Plandateien:	
4.) Realisierung abgeschlossen (Abnahme der Leistungen): Abnahmeprotokoll:	
5.) Projektabschluss (Projekt ist verrechnet, Entlastung des Projektteams): Abschlussbericht:	
Projektumfang in Mitarbeitertagen:	MA-Tage
Gesamtkosten/Projektkalkulation: Dateiname: Datum:	€

Projektrisiken	
Risikoanalyse Dateiname: Datum:	Ergebnis (Projektkategorie):
Fachlich-Inhaltliche Risiken:	
Ressourcenseitige Risiken:	
Terminrisiken:	
Kundenseitige Risiken:	
Finanzielle Risiken:	

Projektorganisation		
Intern	**Name**	**Kontakt**
Portfoliomanager		
Projektleiter		
Kernteam		
Externe Dienstleister		
Kunde	**Name/Position**	**Kontakt**
Projektentscheider		
Projektleiter		
Kernteam		
Externe Dienstleister		

Außerdem wird jedes Projekt vor der Präsentation einer ersten Risikoanalyse unterzogen, um die Entscheidungen mit allen zu diesem Zeitpunkt zur Verfügung stehenden Informationen treffen zu können.

In Abbildung 15 ist exemplarisch die Risikokategorisierung wie sie ProCompetence anwendet, skizziert, in der die einzelnen Projekte entsprechend ihrer fachlich-inhaltlichen und ihrer organisatorischen/sozialen Komplexität eingestuft und einer von vier Risikoklassen zugeordnet werden. In anderen Branchen und Geschäftsarten sind eventuell andere Parameter wichtiger, so dass die Grafik entsprechend angepasst werden sollte.

Die Risikoklassen erhalten prägnante und möglichst selbsterklärende Bezeichnungen, so dass bei der Durchsprache im Leitungskreis schnell klar wird, um welche Art von Projekt es sich handelt.

> **Achtung:**
> Wählen Sie die Risikoklassen für die Kategorisierung so, dass sie Ihr Geschäft widerspiegeln und Sie und Ihre Kollegen sich darin wiederfinden. Sie dienen einzig und allein Ihrem gemeinsamen Verständnis.

Ein Routineprojekt bezeichnet in dieser Fallstudie ein Projekt, das in ähnlicher Form schon mehrfach erfolgreich durchgeführt wurde. Es birgt daher wenig Unbekanntes und eher niedrige Risiken. Es besteht viel Erfahrung in der eigenen Organisation in Bezug auf diese Kategorie von Projekten.

Ein Potenzialprojekt ist in dieser Fallstudie fachlich-inhaltlich besonders anspruchsvoll und sozial wenig komplex. Zum Beispiel kann ein neu zu konzipierendes Thema fachlich risikobehaftet sein, wohingegen es hinsichtlich Kunde und Projektteam eher unkritisch ist, weil die Hauptbeteiligten schon mehrere andere Projekte erfolgreich miteinander abgewickelt haben.

Ein Veränderungsprojekt erfordert beispielsweise beim Kunden umfangreiche Veränderungen der Arbeitsweise und betrifft sehr viele Mitarbeiter, wobei fachlich-inhaltlich nur wenig Neues zu realisieren ist, so dass vor allem die soziale Komplexität berücksichtigt werden muss.

Ein Pionierprojekt ist in jeder Hinsicht Neuland, z. B. die Entwicklung neuer Verfahren bei einem neuen Kunden in einem Land, in dem zuvor noch kein Projekt umgesetzt wurde. Daher sind die Risiken sehr hoch und es ist davon auszugehen, dass die Anzahl von Pionierprojekten, die eine Organisation gleichzeitig bewältigen kann, sehr begrenzt ist.

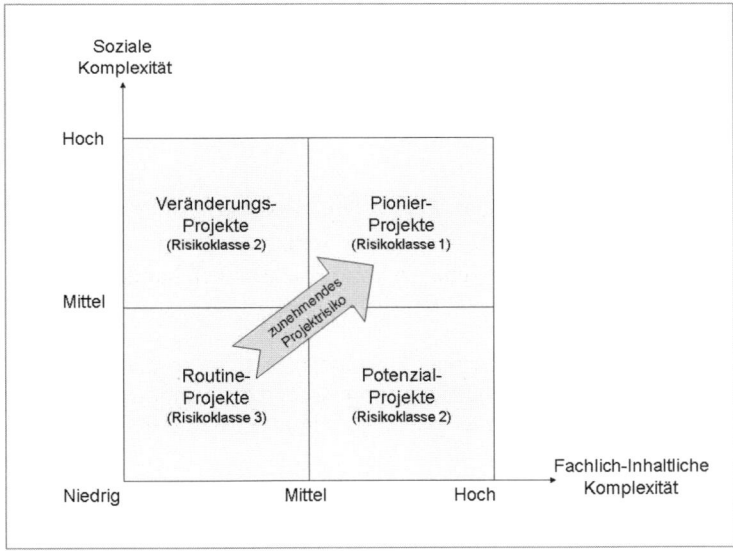

Abb. 15: Risikoklassifizierung für Projekte anhand der Komplexität

Auf den folgenden Seiten finden Sie das Template für die Klassifizierung, welches für das spezielle Geschäft von ProCompetence exemplarisch angepasst wurde.

In anderen Branchen und Geschäftsarten treten andere Risiken auf und auch die Gewichtung der Risiken untereinander ist unterschiedlich, daher sind diese Templates entsprechend anzupassen.

Achtung:
Passen Sie Ihre Risikomanagement-Templates grundsätzlich Ihrem Geschäft an, sowohl was die Inhalte als auch was die Gewichtung der einzelnen Risiken betrifft – es geht darum, alle Ihre Projekte vergleichbar zu machen.

Risikokategorisierung für Projekte

Projektinformation					
Projektname	Kunde	Region	Angebots-/ Auftrags- nummer	Projektleiter	Auftrags- volumen

Zusammenfassung

Risikokategorisierung	Punktzahl	Einstufung
Fachlich-Inhaltliche Risiken 1-100 Punkte: niedrig 101-200 Punkte: mittel > 200 Punkte: hoch		hoch mittel niedrig (nicht Zutreffendes streichen)
Wirtschaftliche und vertragliche Risiken 1-100 Punkte: niedrig 101-200 Punkte: mittel > 200 Punkte: hoch		hoch mittel niedrig (nicht Zutreffendes streichen)
Organisatorische und soziale Risiken 1-100 Punkte: niedrig 101-200 Punkte: mittel > 200 Punkte: hoch		hoch mittel niedrig (nicht Zutreffendes streichen)
Summe aller Punktzahlen < 150 Punkte: Risikoklasse 3 • Routineprojekt < 400 Punkte: Risikoklasse 2 • Potenzialprojekt (Schwerpunkt Inhalte) • Veränderungsprojekt (Schwerpunkt Organisation/Sozial) ≥ 400: Risikoklasse 1: Pionierprojekt		**Risikoklasse:** **Projektart:**

Detailbetrachtung

Fachlich-Inhaltliche Analyse		
Thema	**Bewertung**	**Punktzahl**
1. Inhaltliche Projektziele	Der Liefer- und Leistungsumfang ist nach Klärung mit dem Kunden • eindeutig („SMART"): niedriges Risiko = 10 Punkte • teilweise SMART: mittleres Risiko = 50 Punkte • offen, visionär: hohes Risiko = 100 Punkte Erläuterung der Projektbewertung:	
2. Vorhandene Erfahrungen	Die Art des Projekts, der Projektablauf und die wichtigsten Meilensteine sind • bekannt (Projekt ist ‚copy und paste'): 10 Punkte • noch zu entwickeln 50 Punkte • nicht planbar (Pionierprojekt) 100 Punkte Unterstützende Fragen: • Wurde so ein Projekt schon einmal durchgeführt? • Wie genau sind die benötigten Kompetenzen und Aufwände abschätzbar? Erläuterung der Projektbewertung:	
3. Innovations- grad	Wie viele Inhalte aus dem Projektsteckbrief sind vorhanden? Die Schlüsselinhalte/das Schlüssel-Know-how zur Projektrealisierung liegen • vor und sind nur zu konfigurieren 10 Punkte • überwiegend vorhanden 50 Punkte • überwiegend zu entwickeln/zu kaufen 100 Punkte Erläuterung der Projektbewertung:	

4. Machbarkeit	Stehen die wesentlichen benötigten Kompetenzen und Ressourcen zur Erreichung der Projektziele zur Verfügung? Die wesentlichen Kompetenzen und Ressourcen sind • alle vorhanden und verfügbar: 10 Punkte • teilweise vorhanden und verfügbar 50 Punkte • überwiegend nicht vorhanden: 100 Punkte Erläuterung der Projektbewertung:	
	Gesamtpunktzahl der fachlich-inhaltlichen Analyse	

Wirtschaftliche und vertragliche Analyse		
Thema	**Bewertung**	**Punktzahl**
1. Projektgröße	Kennzahlen des Projekts • Auftragswert 1 Punkt je 10.000 € Umsatz • Projektdauer 3 Punkte je Monat Laufzeit Erläuterung der Projektbewertung:	
2. Vertrags-bedingungen	Der Vertrag hat folgende Konditionen • Standardvertrag unserer Rechtsabteilung 0 Punkte *oder* • Kundenvertrag (geprüft) 100 Punkte • Aufwandsbezogene Verrechnung 0 Punkte *oder* • Festpreis 100 Punkte • Keine Vertragsstrafe bei Verzug 0 Punkte *oder* • Begrenzte Vertragsstrafe bei Verzug 100 Punkte *oder* • Unbegrenzte Vertragsstrafe bei Verzug Projekt stoppen Erläuterung der Projektbewertung:	
	Gesamtpunktzahl der wirtschaftlichen und vertraglichen Analyse	

Organisatorische und Soziale Analyse		
Thema	**Bewertung**	**Punktzahl**
1. Kunde	Welche Erfahrungen mit dem Kunden liegen aus früheren Projekten vor? • Gute Erfahrungen aus mehreren Projekten 10 Punkte • Keine/wenig Erfahrung 100 Punkte • Schlechte Erfahrungen 200 Punkte Wie gut kennen wir die Kundenorganisation • Gute Kontakte zu den Entscheidern -30 Punkte • Gute Kontakte zu relevanten Abteilungen 30 Punkte • Kaum Kontakt zu relevanten Stakeholdern 100 Punkte Erläuterung der Projektbewertung:	
2. Beteiligung des Kunden für den Projekterfolg	Die Projektdurchführung bedingt folgende Mitwirkung des Kunden: • Abnahme der Projektergebnisse 10 Punkte • Lieferung von wesentlichen Inhalten 30 Punkte • Aktive Zu- und Mitarbeit im Projekt 60 Punkte Erläuterung der Projektbewertung:	

3.
Weitere Partner im Projekt
	Welche weiteren Vertragspartner sind eingebunden
	• Wir binden eigene Vertragspartner ein.
	   10 Punkte je Vertragspartner
	• Wir binden uns bekannte Vertragspartner des Kunden ein.
	   30 Punkte je Vertragspartner
	• Der Kunde schreibt uns unbekannte Partner vor.
	   50 Punkte je Vertragspartner
	
	Erläuterung der Projektbewertung:	

4. Anwender in der Kundenorganisation	Inwieweit sind die bestehenden Abläufe und Strukturen in der Kundenorganisation zu verändern, um das Projekt umzusetzen	
	• Einfache Anpassung der Abläufe 10 Punkte • Weitgehende Änderung der Abläufe 50 Punkte • Änderung der Organisation und der Abläufe 100 Punkte Erläuterung der Projektbewertung:	
	Gesamtpunktzahl der organisatorischen und sozialen Analyse	

4.4 Welches Vorhaben schafft es ins Portfolio? – Der Projektfilter

Im Folgenden werden exemplarisch fünf erdachte Projekte betrachtet, um den Auswahlprozess zu verdeutlichen.

Die Durchsprache der neuen Vorhaben findet im Leitungskreis auf der Basis der im vorherigen Abschnitt vorgestellten Dokumente (Steckbrief und Risikokategorisierung) statt, von denen wir für die Fallstudie annehmen, dass das Projektbüro sie vorab von den einzelnen Portfoliomanagern erhalten hat. Daraus hat das Projektbüro eine Grafik (Abbildung 16) zusammengestellt, in der die Risikoklassen und die Projektgröße (gemessen am Auftragsvolumen) dargestellt sind.

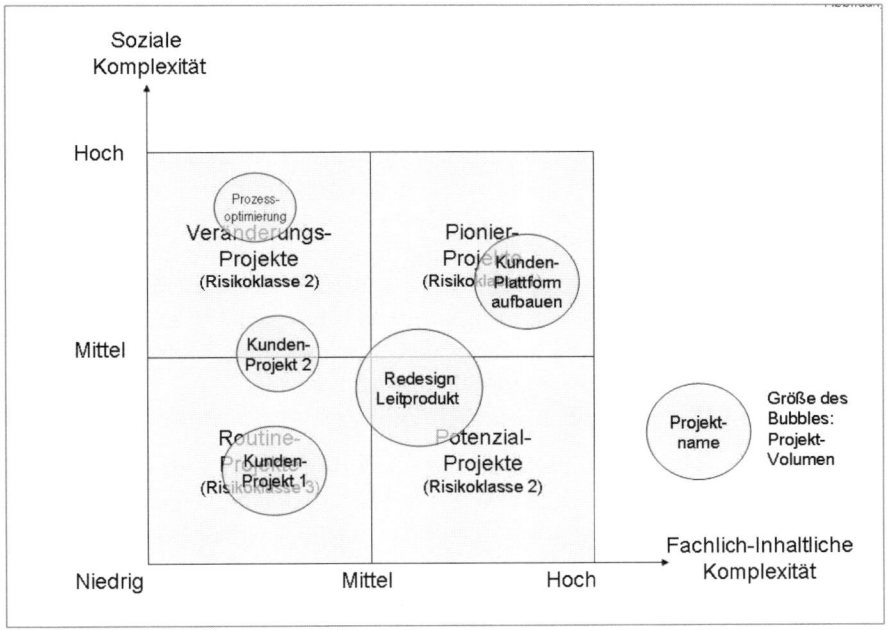

Abb. 16: Risikoklassifizierung neuer Projekte im Fallbeispiel

Im Einzelnen handelt es sich um zwei an dieser Stelle nicht näher erläuterte Kundenprojekte (z. B. Trainingsentwicklung und -durchführung), die fachlich inhaltlich eher niedrige bis mittlere Komplexität aufweisen und auch bei der sozialen Komplexität maximal im Mittelfeld liegen, so dass sie als Routineprojekte betrachtet werden können.

Die drei anderen Projekte weisen hingegen höhere Risikoklassen auf:

- Bei der Prozessoptimierung handelt es sich um die Neuorganisation der Trainingsabwicklung bei einem Kunden. Dies ist fachlich-inhaltlich nicht sehr anspruchsvoll, weil der Abwicklungsprozess bekannt ist und bereits vielfach implementiert wurde, aber dafür muss die ganze Organisation des Kunden ihre Arbeitsweise umstellen. Daher erfolgt die Einstufung als Veränderungsprojekt.

- Das Redesign des Leitproduktes, einer IT-Anwendung für Personal- und Kompetenzmanagement, geschieht im Auftrag eines großen Schlüsselkunden. Daher ist das Projektvolumen sehr groß, es wird vor allem fachlich-inhaltlich als anspruchsvoll bewertet. Das Leitprodukt soll dann auch an andere Kunden verkauft werden, daher ist die strategische Wirkung groß.
- Das Projekt mit den höchsten Risiken ist in diesem Fallbeispiel die Entwicklung einer Kundenplattform mit Anforderungen, wie sie bisher noch nie realisiert wurden. Weil eine derartige Anwendung bisher nicht zum Portfolio gehört und der Kunde mit dem Projekt eine komplette Neuausrichtung und -aufstellung seiner internen Personalabteilungen verbindet, wird das Projekt in die höchste Risikoklasse und damit als Pionierprojekt eingestuft.

So werden die Projekte eines nach dem anderen im Leitungskreis zunächst hinsichtlich ihrer Komplexität durchgesprochen – jeweils unterstützt durch die Angaben im Steckbrief und in der Risikokategorisierung.

Die Bewertung der Projekte wird durch weitere Übersichtsgrafiken unterstützt, z. B. durch die Darstellung des Projektertrages (Gewinnerwartung laut Kalkulation) über der Risikoklasse, wie in Abbildung 17 dargestellt. Bitte beachten Sie, dass die höchste Risikoklasse 1 in der Grafik links ist und die niedrigste rechts, so dass rechts oben die ertragreichen Projekte mit niedrigem Risiko zu finden sind. Die Werte für den Gewinn (Ebit = Earning before Income Tax, Vorsteuergewinn) sind willkürlich gewählt.

Achtung:

Gestalten Sie die Übersichtsgrafiken so, wie Sie Ihnen für die zügige Bewertung Ihrer Projekte übersichtlich erscheinen – wählen Sie Parameter, die Ihr Geschäft widerspiegeln, und gestalten Sie sich nach und nach ein Cockpit, in dem Sie sich ‚zuhause' fühlen.

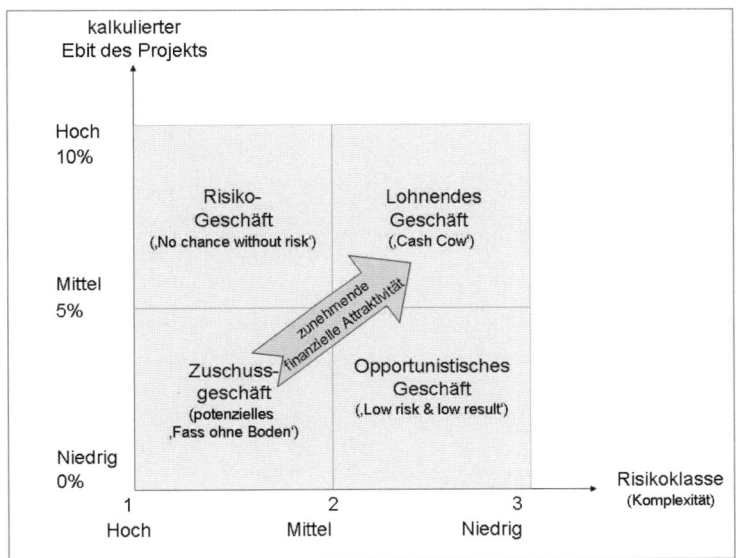

Abb. 17: Klassifizierung der finanziellen Attraktivität (Ertrag vs. Risikoklasse)

In Abbildung 18 auf der folgenden Seite sind die fünf neuen Vorhaben eingetragen, wobei sich folgendes Bild ergibt:

Kurzfristig betrachtet werden vor allem das Kundenprojekt 1 und die Prozessoptimierung Erträge abwerfen, bei moderaten Risiken.

Kundenprojekt 2 ist ertragsarm, also ist entweder mit dem Kunden nachzuverhandeln oder es sind Kosteneinsparungen zu erzielen. Der Leitungskreis würde dem Portfoliomanager das Projekt mit einer entsprechenden Aktion wieder mitgeben, alternativ könnte das Projekt bei Verfügbarkeit der benötigten Ressourcen auch durchgeführt werden, wobei Projekte, die von Anfang an mit wenig Marge kalkuliert sind, selten besser werden. Es steht ganz einfach wenig Risikopuffer zur Verfügung.

Sehr sorgfältig wäre eine Entscheidung für die Kundenplattform zu durchdenken, denn die wird in jedem Fall kostspielig und sie könnte sich zum Fass ohne Boden entwickeln.

Das Projekt „Redesign Leitprodukt" ist bezüglich Risikoklasse und Gewinnerwartung im Mittelfeld angesiedelt und damit augenscheinlich zunächst in Ordnung. Es wird aufgrund seiner schieren Größe aber viele Ressourcen im kommenden Geschäftsjahr binden.

Daher ist zum Abschluss der Portfoliodiskussion der mittel- und langfristige Nutzen der Projekte zu beleuchten. Dies geschieht mit der Go-/No-Go-Entscheidung für Projekte, in der die wichtigsten Kriterien abschließend diskutiert werden und die Entscheidung für oder gegen das Projekt getroffen wird.

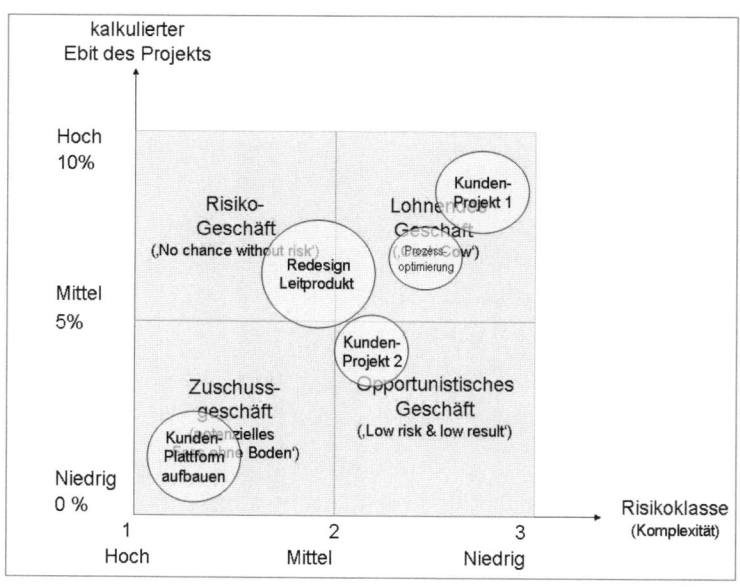

Abb. 18: Einstufung der finanziellen Attraktivität im Fallbeispiel

Go-/No-Go Entscheidung für Projekte

Projektinformation					
Projektname	Kunde	Region	Angebots-/ Auftrags- nummer	Projektleiter	Auftrags- volumen

Ergebnis		
Go/No-Go- Entscheidung: Freigabe des Projekts und Auftrag zur Initialisierung	Go *Oder* No-Go (nicht Zutreffendes Durchstreichen)	Datum: Entscheiderkreis • Geschäftsführer • Kaufmännischer Leiter • Leiter Abteilung A • Leiter Abteilung B • Leiter Projektbüro Mit der Initialisierung werden beauftragt: Portfoliomanager: Projektleiter: Projektbetreuer im Projektbüro: Nächstes Berichtsdatum:

Strategische Bedeutung des Projekts			
Thema/Frage	Ja/ Nein	Erläuterung/ Maßnahme	verantwortlich/ Datum
Trägt das Projekt zur Erreichung der strategischen Ziele bei? • Nein: Projekt ablehnen • Ja: Ziele aufführen			
Ist der Projektinhalt Bestandteil unseres aktuellen oder geplanten Leistungsportfolios? • Nein: Projekt ablehnen • Ja: erläutern			

Projektorganisation			
Thema/Frage:	Ja/ Nein	Erläuterung/ Maßnahme	verantwortlich/ Datum
Ist der Projektauftraggeber (Entscheider) auf Kundenseite bekannt? • Nein: Projekt ablehnen • Ja: siehe Projektorganisation			
Ist der operative Ansprechpartner (Projektleiter) auf Kundenseite benannt? • Nein: Projekt ablehnen • Ja: siehe Projektorganisation			
Ist das Projekt auf unserer Seite personell besetzt (Projektleiter & Team)? • Nein: Projekt ablehnen • Ja: siehe Projektorganisation			

Projektumfang und -Ergebnisse			
Thema/Frage:	**Ja/ Nein**	**Erläuterung/ Maßnahme**	**verantwortlich/ Datum**
Ergebnis der Risikokategorisierung liegt vor. • Nein: Projekt ablehnen • Ja: Ergebnis der Risikokategorisierung durchsprechen und Maßnahmenplan zur Projektinitialisierung erstellen			
In der Risikokategorisierung sind inakzeptable Risiken identifiziert worden. • Nein: Projekt initialisieren • Ja: Projekt ablehnen			

Wirtschaftlichkeit des Projekts			
Thema/Frage:	**Ja/ Nein**	**Erläuterung/ Maßnahme**	**verantwortlich/ Datum**
Eine Projektkalkulation liegt vor • Nein: Projekt ablehnen • Ja: Kalkulation durchsprechen, Budget zur Projektinitialisierung freigeben und nächsten Review-Zeitpunkt festlegen.			
Nächster Projektreview spätestens am Ende der Projektinitialisierung			
Profitabilität: Das Projekt liegt laut Kalkulation innerhalb der im Plan vorgegebenen Zielmarge • Nein: Sonderfreigabe durch Leitungskreis erforderlich • Ja: Projekt initialisieren			

An dieser Stelle nehmen wir an dass die Go-/No-Go-Checkliste für jedes Projekt im Leitungskreis bearbeitet wird und somit neben den operativen Fragestellungen auch nochmals der strategische Nutzen jedes Projekts beleuchtet wird.

Weiterhin können wir zum Abschluss dieses Abschnitts annehmen, dass in unserer Fallstudie die Entscheidung „Go" für das Kundenprojekt 1 und die Prozessoptimierung getroffen wird. Außerdem wird die Entscheidung für das „Redesign des Leitproduktes" getroffen, für das aber wegen der Projektgröße eine genauere Durchsprache der Ressourcensituation anberaumt wurde. Nicht freigegeben wurden zu diesem Zeitpunkt Kundenprojekt 2 (Auflage an den Portfoliomanager, den Ertrag durch Nachverhandlung mit dem Kunden um mindestens 3 % zu steigern), und das Projekt „Kundenplattform aufbauen" wurde wegen der hohen Risiken und dem geringen strategischen Wert ganz abgesagt.

4.5 Das Portfolio steuern - die Projekt-‚Pipeline' managen

Nun betrachten wir die Phase der Portfolioumsetzung aus Abbildung 14. In dieser Phase werden die Projekte die es ‚ins Portfolio geschafft' haben, bearbeitet und abgewickelt. Da kontinuierlich neue Projekte in das Portfolio aufgenommen werden und andere abgeschlossen werden und ausscheiden, ist das Projektportfolio ständig in Bewegung.

Für den Leitungskreis ist es daher wichtig, eine regelmäßige Portfolioberichterstattung mit folgenden Eigenschaften zu erhalten:

- den Überblick bewahren: der Status jedes einzelnen Projekts und des ganzen Portfolios wird schnell transparent
- Beschränkung auf das Wesentliche: Statusaussage und anstehende Entscheidungen genügen, Details nur bei Bedarf
- die Berichte sind standardisiert in Bezug auf das Reporting des einzelnen Projekts – nach dem Motto ‚man weiß sofort wo man hinschauen muss'

Was das einzelne Projekt betrifft, sind in den folgenden Kapiteln dieses Buches zahlreiche Berichtsmuster für jede Projektphase zu finden. Sind in einer Organisation jedoch sehr viele Projekte zu berichten, so ist eine weitere Verdichtung der Information für die Entscheider des Leitungskreises notwendig.

Scorecards sind eine Möglichkeit, den Projektstatus kurz und aussagekräftig darzustellen. Sie ersetzt in der Regel nicht den ausführlichen Statusbericht, jedoch ist sie für den Projektleiter ein wichtiges Instrument, um Entscheidungen voranzutreiben.

Wichtig ist in jeder Scorecard die Visualisierung des Status für den schnellen Überblick, die in dem folgenden Beispiel einer Scorecard über die Ampelfarben in den Statusfeldern rot, gelb und grün gelöst wird.

Projektscorecard

Projektinformation					
Projektname	Kunde	Region	Angebots-/ Auftrags- nummer	Projektleiter	Auftrags- volumen

Projektphase				
Datum Meilenstein Soll: Ist:	Datum Meilenstein Soll: Ist:	Datum Meilenstein Soll: Ist:	Datum Meilenstein Soll: Ist:	Datum Meilenstein Soll: Ist:

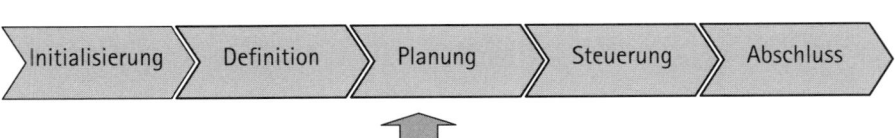

Initialisierung ⟩ Definition ⟩ Planung ⟩ Steuerung ⟩ Abschluss

aktuell erreichter Meilenstein

Projektstatus				
Datum der Scorecard:	Highlights/Lowlights	Bewertung für Projektübersicht		
		grün	gelb	rot
Status Kunde	• • •			
Status Team	• • •			
Inhaltlicher Fortschritt/ Status der Projektinhalte	• • •			
Projektfinanzen	• • •			
Terminsituation a) vergangene Berichtsperiode	• • •			
b) kommende Berichtsperiode	• • •			
Projektrisiken	• • •			
Benötigte Entscheidungen	• • •			

Aus den Scorecards, die von den Projektleitern zusammengestellt und an das Projektbüro geliefert werden, kompiliert das Projektbüro eine Projektübersicht. Neben den grafischen Portfoliodarstellungen, wie im letzten Abschnitt zur Projektauswahl gezeigt, bieten sich auch tabellarische Darstellungen an, so genannte Projektlisten. Der Vorteil ist, dass die Schlüsselinformationen des gesamten Projektportfolios auf einer Seite vollständig dargestellt werden können, unter Beibehaltung der Visualisierung aus den Scorecards.

Auf der folgenden Seite finden Sie ein Beispiel für eine Projektliste.

Die Projektliste ist in drei Teile gegliedert:

- Projektinformationen: die unveränderlichen „Stammdaten" des Projekts
- Projektstatus: der aktuelle Stand des Projekts ist visualisiert – in diesem Beispiel durch die Nennung der Ampelfarben aus der Scorecard. Kritischer Status ist fett markiert, so dass die neuralgischen Punkte auf einen Blick ersichtlich werden. Bei farbigen Darstellungen sollte der Projektstatus selbstverständlich in den echten Farben visualisiert werden.
- Entscheidungen: getroffene Entscheidungen werden vermerkt oder auf das Protokoll referenziert.

Bei der Durchsprache im Leitungskreis ist aus der Projektliste sofort ersichtlich, zu welchen Projekten Diskussions- und Handlungsbedarf vorliegt. Die Scorecards (oder Statusberichte) liegen bereit und werden, sofern mehr Informationen über ein bestimmtes Projekt benötigt werden, herangezogen. So behalten die Entscheider immer das gesamte Portfolio im Blick.

Version 1.0
Erstellungsdatum: 22.10.2010
Ersteller / Projektbüro: Hr. Baier
Telefon: 76778

Projektübersicht

| | Projektinformationen | | | | | | | Projektstatus | | | | | | |
Projektname	Kunde	Region	Angebots-/ Auftrags-nummer	Projektleiter	Auftrags-volumen	Datum Scorecard	Projektphase	Status Kunde	Status Team	Inhalt-licher Fort-schritt	Projekt-finanzen	Termin-treue/ Ausblick	Risiko-bewer-tung	Entscheidungen - Protokoll Nr.
Kunden-Projekt 1	AB Ltd.	Nordeuropa	12345678	Hr. Kurz	210.000 €	15.10.2010	Initialisierung	Grün	Grün	Grün	Grün	Grün	Grün	Keine
Kunden-Projekt 2	XY S.A.	Südeuropa	23456789	Fr. Müller	120.000 €	15.10.2010	Realisierung	Grün	Grün	Grün	Grün	Grün	Grün	Keine
Kunden-plattform	XY S.A.	Südeuropa	34567890	Hr. Maier	220.000 €	07.10.2010	Realisierung	Grün	Grün	Gelb	Rot	Gelb	Gelb	Task Force – AI 12
Prozess-optimierung	YZ GmbH	Mitteleuropa	45678901	Fr. Huber	110.000 €	15.10.2010	Definition	Grün	Grün	Grün	Grün	Grün	Grün	keine
Redesign Leitprodukt	QZ Ltd.	Osteuropa	56789012	Hr. Maier	330.000 €	08.10.2010	Abschluss	Grün	Gelb	Grün	Grün	Grün	Grün	Externe Programmierer – AI 13

Abb.: Projektliste - Fallstudie

4.6 Der Portfolioreview – die Voraussetzung für die nächste Strategieentwicklung schaffen

Portfoliomanagement findet rollierend statt, d. h. mit Abschluss einer Berichtsperiode werden die abgeschlossenen Projekte zusammengestellt und deren Ergebnisse zusammengefasst. Dies sollte je nach Anzahl der Projekte quartalsweise, halbjährlich oder jährlich zusätzlich zum Controlling der laufenden Projekte erfolgen.

Interessant ist beim Review, inwieweit die abgeschlossenen Projekte die ursprünglichen Erwartungen erfüllt haben und welche Schlussfolgerungen und Lerneffekte für die Zukunft daraus gezogen werden können.

Zwei Faktoren werden betrachtet:

1. Operative Zielerfüllung: Inwieweit sind die einzelnen Projektziele erfüllt worden, wo gibt es Abweichungen und in welcher Richtung? Es gilt, die Gründe für wesentliche Abweichungen zu verstehen und insbesondere systematische Schwächen für die Zukunft abzustellen und Stärken auszubauen. Beispielsweise können Schlussfolgerungen für die Klärung von Anforderungen, für die Projektplanung, die Projektkalkulation, des Risikomanagements oder das Personal- und Ressourcenmanagement gezogen werden.
2. Strategische Zielerfüllung: Inwieweit haben die abgeschlossenen Projekte zur Erreichung der strategischen Ziele beigetragen?

Hier gilt es, die abgeschlossenen Projekte hinsichtlich ihrer Beiträge zu den von der Geschäftsleitung festgelegten strategischen Vorgaben abzugleichen. Mit dem Ziel, die Akquisition neuer Projekte und die Steuerung der bereits laufenden auf die Strategie auszurichten.

Für den Review bieten sich Grafiken an, die den Projektstatus zu Projektbeginn und am Ende des Projekts darstellen.

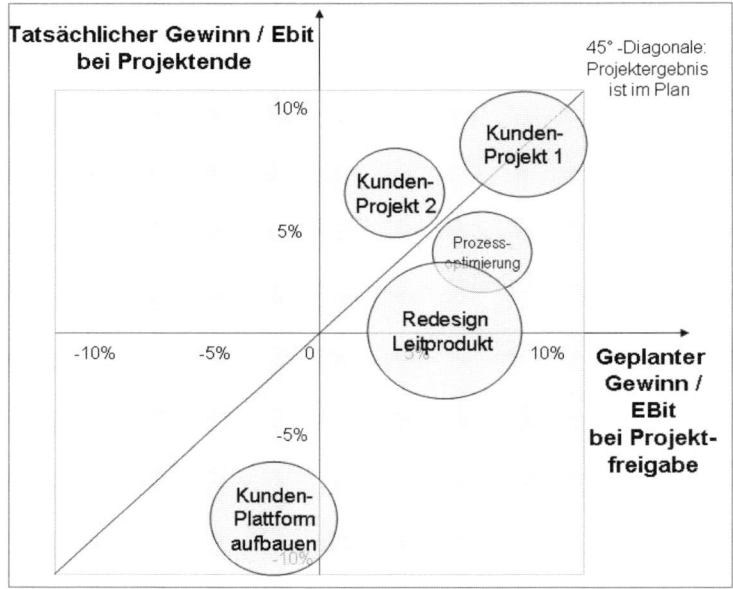

Abb. 19: Auswertung der finanziellen Zielerreichung

In Abbildung 19 wird für unser Fallbeispiel das tatsächlich erreichte finanzielle Ergebnis mit dem geplanten bei der Projektfreigabe (Go-/No-Go-Entscheidung) verglichen.

Projekte auf der 45°-Diagonale haben das ursprünglich kalkulierte Ergebnis erreicht. Projekte, die darunter liegen, haben weniger erreicht und Projekte, die über der 45°-Linie liegen, haben ein höheres Ergebnis erreicht. Der Vorteil dieser Grafik ist die Darstellung des gesamten Projektportfolios auf einer Seite, so dass Vergleiche auch sehr unterschiedlicher Projekte möglich werden.

In Abbildung 19 fällt sofort auf, dass die Kundenprojekte 1 und 2 rechts oben liegen, d. h. sie sind im Plan oder besser und haben von allen Projekten das höchste Ergebnis. Sie sind bei der Projektfreigabe als Routineprojekte, also in die niedrigste Risikoklasse eingestuft worden. Außerdem fällt auf, dass die drei anderen Projekte unter dem geplanten Ergebnis liegen. Die Tatsache, dass diese drei Projekte alle höhere Risikoklassen haben als die Kundenprojekte 1 und 2, weist auf zu optimistische Planung oder lückenhaftes Risikomanagement hin. Diese Übereinstimmung wurde im Fallbeispiel zwar konstruiert, um das Prinzip vorzuführen, sie wäre im echten Projektleben aber ein möglicher Ansatzpunkt für Verbesserungen und müsste genauer analysiert werden. So kann aus Gemeinsamkeiten (Korrelation) der Projekte in den Portfoliografiken gelernt werden.

> **Achtung:**
> Nutzen Sie Portfoliografiken, indem Sie Gruppen von Projekten mit gleichen Ergebnissen bilden und deren Gemeinsamkeiten und Unterschiede analysieren – daraus können Sie für Ihre Organisation wertvolle Schlussfolgerungen ziehen.

Als dritter Punkt fällt in Abbildung 19 auf, dass das Projekt „Kundenplattform", obwohl zunächst abgelehnt, es doch ins Portfolio geschafft hatte. Das Projekt wurde aufgrund seiner strategischen Bedeutung nachträglich akzeptiert und durchgeführt, und zwar hauptsächlich, weil es einen wichtigen Kunden in Südeuropa bediente – eine der strategischen Wachstumsregionen laut Zielsetzung des Vorstandes. Im Projektverlauf hat es sich noch weiter deutlich verschlechtert, so dass ProCompetence satte Verluste damit eingefahren hat.

Dieses Beispiel wurde mit Bedacht gewählt, denn es zeigt das typische Ende so genannter „strategischer Projekte". Da sie aufgrund der Kennzahlen operativ nicht zu rechtfertigen sind, werden sie oft unter Vernachlässigung der Risiken so kalkuliert, dass sie gerade noch akzeptabel erscheinen und wegen eines erhofften strategischen Nutzens freigegeben werden. Lassen wir dahingestellt, welchen tatsächlichen strategischen Nutzen das Beispielprojekt hätte. In jedem Fall aber bedürfen Projekte, die von Anfang an schwache operative Kennzahlen haben, besonderer Aufmerksamkeit bei der Go/No-Go Entscheidung. Denn die Erfahrung lehrt, dass sich „strategische" Projekte allzu oft in Dauerkrisen niederschlagen.

> **Achtung:**
> Seien Sie bei Projekten, die bei der Freigabe bereits schwache Kennzahlen aufweisen (‚strategische Projekte'), besonders kritisch. In der Regel sind sie schon optimistisch gerechnet, um die Freigabe zu erzielen und verschlechtern sich im Projektverlauf zumeist weiter.

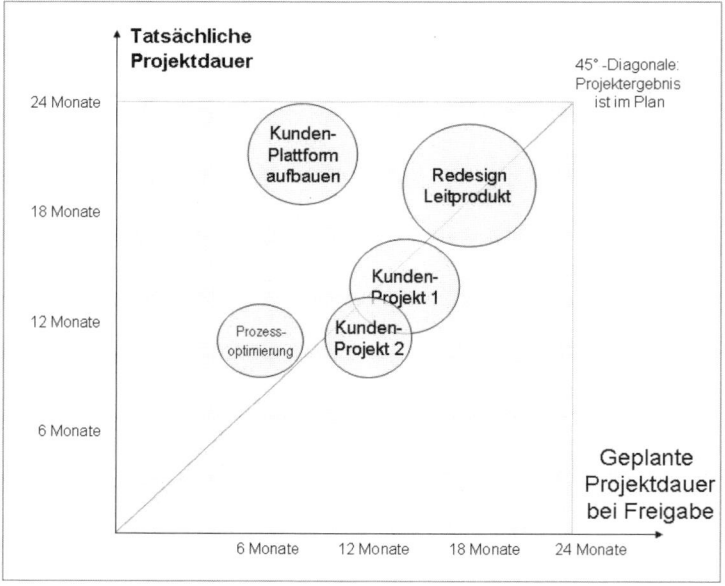

Abb. 20: Auswertung der Terminzielerreichung

Auch andere Parameter können ebenso wie finanzielle mithilfe von Portfoliografiken dargestellt und analysiert werden. In Abbildung 20 ist die tatsächliche über der geplanten Projektdauer dargestellt. Die Projekte mit der höchsten Überschreitung sind – wie zu erwarten – auch diejenigen mit den schlechtesten finanziellen Ergebnissen. Beides hängt in der Regel zusammen, weil Verzögerungen mit Mehrarbeit für die Projektmitarbeiter Hand in Hand gehen. Interessant ist es, die Gründe für Verzögerungen zu analysieren und zu systematisieren, wie z. B. Ressourcen- und Lieferantenmanagement, Planungs- und Bestellprozesse etc.

Zusammenfassend dient der Projektreview der Ergebnismessung und dem Lernen für die Zukunft. Aus Portfoliografiken können oft Zusammenhänge erkannt werden, die am einzelnen Projekt nicht sichtbar werden. Daher lohnt sich die Aufbereitung und die Visualisierung der Schlüsseldaten.

Die Erkenntnisse aus dem Projektreview gehen in die Strategieentwicklung für den folgenden Berichtszeitraum ein.

5 Übersicht über alle Beispielberichte für Projekte

Tabelle 3 gibt Ihnen eine Orientierung zu den verschiedenen Berichtsbeispielen. Wir haben uns bemüht, möglichst anschauliche Beispiele heranzuziehen und dabei eine Mischung aus den verschiedenen Projektarten, Projektphasen und Branchen zu erzielen.

Alle Projektbeispiele sind fiktiv, auch wenn wir versucht haben, branchennah zu bleiben. Ebenso sind die erwähnten Firmen, Organisationen und Personen frei erfunden.

Am Beginn jedes Berichtes wird kurz das Szenario geschildert, damit sich der Leser in die Projektsituation versetzen kann. Danach folgen der eigentliche Bericht und anschließend die Auswertung.

Berichts- muster	Projektphase				Branche	Projektart	Be- richts- art
	Ini./ Def.	Plan.	Real.	Abschl.			
Status- bericht	X				Hochbau	Bauprojekt	Z
Status- bericht			X		Konsum- güter (Hausge- räte)	Produkt- entwick- lung	Z
Sofort- bericht			X		Informa- tionstechnik	Kunden- projekt	E
Arbeitspa- ketbericht			X		Gebäude- renovierung	Bauprojekt	Z
Projekt- abschluss- bericht				X	Konsum- güter (Elektronik)	Produkt- entwick- lung	E
Tages- bericht			X		Straßenbau	Bauprojekt	Z

Berichts-muster	Projektphase				Branche	Projektart	Be-richts-art
	Ini./ Def.	Plan.	Real.	Abschl.			
Sofort-bericht		X			Unterneh-mens-beratung	Organisa-tions-projekt	E
Status-bericht				X	Anlagenbau (Maschinen-bau)	Kunden-projekt	Z
Status-bericht				X	Informa-tionstechnik	Kunden-projekt	Z
Meilen-stein-abnahme		X			Event Management	Organisa-tionspro-jekt	E
Meilen-stein-abnahme	X				Automobil-zulieferer (Elektronik)	Produkt-entwick-lung	E
Meilen-stein-abnahme			X		Anlagenbau (Licht- und Tontechnik)	Kunden-projekt	E
Sofort-bericht	X				Grundlagen-forschung (Nanotech-nologie)	For-schungs-projekt	E
Entschei-dungs-vorlage	X				Versicherung (Versiche-rungspaket)	Produkt-entwick-lung	E
Status-bericht		X			Versicherung (Versiche-rungspaket)	Produkt-entwick-lung	Z

Berichte	Projektphase				Branche	Projektart	Berichts-art
	Ini./Def.	Plan.	Real.	Ab-schl.			
Änderungs-bericht		X			Versiche-rung (Versiche-rungspa-ket)	Produkt-entwicklung	E
Entschei-dungs-vorlage	X				Maschi-nenbau	Controlling-system entwi-ckeln und einführen	E
Phasen-abnahme-bericht		X			Maschi-nenbau	Controlling-system entwi-ckeln und einführen	E
Projekt-abschluss-bericht				X	Maschi-nenbau	Controlling-system entwi-ckeln und einführen	E
Entschei-dungs-vorlage	X				Schreib-waren-hersteller	Messeauftritt	E
Phasen-abnahme-bericht		X			Schreib-waren-hersteller	Messeauftritt	E
Monats-bericht			X		Schreib-waren-hersteller	Messeauftritt	Z
Abschluss-bericht				X	Schreib-waren-hersteller	Messeauftritt	E

Tab. 3: Übersicht über die Berichtsmuster

87

6 Berichte für die Definitionsphase

6.1 Statusbericht im Bauprojekt (Hochbau)

Die Firma „Baulöwe" hat sich, wie der Name schon andeutet, auf größere Bauvorhaben, wie z. B. Gewerbe- und Wohngebiete, spezialisiert. Sie entwickelt solche Großprojekte von der ersten Idee über die planerischen Tätigkeiten bis hin zu Investorensuche, Baugenehmigung, Vertrieb und Realisierung. Dabei kooperiert sie eng mit Partnerfirmen auf der bautechnischen Seite (z. B. Architekten, Ingenieurbüros, Baufirmen), mit Partnern auf der vertrieblichen Seite (Makler, Medien), mit den Investoren (Banken, Versicherungen) und mit den zuständigen Behörden.

Die Firma „Baulöwe" agiert in gesamtunternehmerischer Verantwortung und hat sich projektorientiert organisiert. Jedes mögliche Bauvorhaben entspricht einem großen Projekt. Der jeweilige Projektleiter trägt die Gesamtverantwortung und berichtet direkt an den Vorstand. In der Definitionsphase ist er in erster Linie für die Bewertung von Machbarkeit, Risiken und Profitabilität sowie die Erstellung des Geschäftsplanes verantwortlich. Auf dessen Basis trifft der Vorstand dann die „Go/No-Go-Entscheidung". Unser Beispiel handelt vom zu projektierenden Neubau einer Ladenpassage im Münchener Vorort Neubiberg. Die Chancen für das Projekt stehen gut, denn die Ladenpassage soll an ein Neubauviertel mit 550 Wohneinheiten angeschlossen werden und dieses versorgen. Wir haben hier den Statusbericht des Projektleiters an den Vorstand vor uns.

Projektstatusbericht
Ladenpassage Neubiberg
Berichtszeitraum: Januar 2010   Datum: 3. Februar 2010
Projektleiter: Peter Neumüller, Tel. (intern) 62663
Highlights: • Konsortialverhandlungen mit der *Euroland Bank* und der *Rheinonia Versicherung* am 12. Januar in Köln erfolgreich abgeschlossen. • Bodenbeschaffenheit wird als Hauptrisiko erkannt (das Gelände befindet sich auf ehemaliger Kiesgrube, Absacken befürchtet).
Status der Teilprojekte Konzeption und Planung: • Das Modell und die Pläne des Architekten liegen fristgerecht vor. • Budgetäre Angebote der Baufirmen werden zum 15. März erwartet. • Risikoplan wurde erstellt (s. Highlights). • Begutachtung des Bodens muss aufgrund der Frostperiode verschoben werden. Neuer Termin steht noch nicht fest. Finanzierung: Mit den Investoren wurde der Vorvertrag geschlossen (s. Highlights). Genehmigungen: Der Bebauungsplan wurde in der Gemeinderatssitzung am 20.12.2009 verabschiedet. Vermarktung: Die Werbeagentur liefert Konzept und Angebot am 4. Februar; das Marktpotenzial wird aufgrund des Überangebotes an Ladenflächen im Münchener Südosten kritisch bewertet.
Weitere Vorgehensweise Planmäßige Erstellung des Geschäftsplanes unter Berücksichtigung der Marktlage, des Risikoplanes und der Angebote bis zum 31. März 2010.

Bewertung und Wirkung des Berichtes

Der Projektleiter hat sich kurz gefasst und die wichtigsten Fortschritte im Berichtszeitraum auf einer Seite sachlich und übersichtlich zusammengestellt. Dieser Bericht liefert den Projektstatus innerhalb von etwa einer Minute. In diesem Zusammenhang ist auch die Angabe der internen Durchwahl des Projektleiters sinnvoll, denn er lädt damit zur Klärung von Fragen ein.

Achtung:
Ein Statusbericht sollte so kurz wie möglich sein, da die Empfänger meist viele dieser Berichte erhalten und sich schnell einen Überblick verschaffen wollen. Insofern ist beim Statusbericht nur die zum Verständnis des Vorgangs notwendige Detailtiefe zu geben.

Verbesserungs- und Ergänzungsvorschläge

- Der Bericht enthält firmenvertrauliche Informationen zu Investoren und anderen Partnern. Sperrvermerke wie z. B. „Nur zur internen Verwendung" sind in vielen Organisationen verbindlich und werden in jedem Falle dringend empfohlen. Schließlich wollen Sie ja nicht, dass Ihr Bericht durch Ihre Nachlässigkeit in falsche Hände gerät.
- Als Highlight wird die erfolgreiche Konsortialverhandlung genannt, was sehr unspezifisch ist. Hier ist besser das konkrete Ergebnis zu nennen (z. B. Absichtserklärung oder Vertragsunterzeichnung), damit keine falschen Erwartungen geweckt werden.
- Die Sprache und die Wortwahl sind der Schlüssel zum Verständnis. In unserem Beispiel wird ein neu aufgetretenes Hauptrisiko (die Bodenbeschaffenheit) unter der Rubrik „Highlights" aufgeführt. Dies ist ein logischer Widerspruch und kann zur Verwirrung des Lesers führen. Daher sollte die Rubrik „Highlights" um ein Gegenstück, z. B. „Risiken" oder „Rückschläge", ergänzt werden.
- Es sind keine Visualisierungen vorhanden. Sie wären eine gute Ergänzung zur tabellarischen Struktur. So sind z. B. Symbole für Erfolge und Rückschläge dem schnellen Verständnis dienlich.

- Eine weitere sinnvolle inhaltliche Ergänzung wäre der explizite Verweis auf bereits vorhandene Pläne und Verträge mit den entsprechenden Versionen und wo sie abgelegt sind. Das schafft Transparenz, dokumentiert den Status und ermöglicht bei Bedarf schnelle Einsichtnahme.

6.2 Meilensteinbericht in der Produktentwicklung (Automotive)

Der folgende Bericht dient der Abnahme der Definitionsphase bei einem Produktentwicklungsprojekt. Das Produkt ist eine elektronische Baugruppe zur Motorsteuerung von Kraftfahrzeugen. Der Projektleiter arbeitet bei einem mittelständischen Hersteller von Komponenten und Modulen für die Automobil- und Konsumgüterindustrie.

Kunden sind meist größere Konzerne, die Dienstleistungen, wie den Entwurf und die Fertigung bestimmter Baugruppen, aus Kostengründen spezialisierten Unternehmen überlassen. Wer sich bei solchen Großabnehmern als Lieferant positionieren kann, hat fast schon eine Garantie auf hohe Liefervolumina und damit die besten Voraussetzungen für gute Umsätze – wären da nicht die Einkäufer der Konzerne, die jeden Grund zum Anlass nehmen, um den Preis zu drücken. Damit sinkt die Marge oder verkehrt sich sogar ins Minus. Um jedoch aus einem defizitären Liefervertrag mit einem Großkonzern auszusteigen, sind erhebliche Nachteile in Kauf zu nehmen. Zum einen sind die Verträge stets so gestaltet, dass alle Extrakosten, so wie sie z. B. der Umstieg auf einen anderen Lieferanten verursacht, einfach an den Verursacher weitergereicht werden. Schlimmer noch, die Branche ist so klein, dass Rufschäden einen Mittelständler in den Ruin treiben können.

Aus diesen Gründen wickelt die Firma, in der der Bericht entsteht, ihre Produktentwicklungen strikt nach den Regeln des Projektmanagements ab.

Projektdefinitionsphase – Abnahmebericht

– F i r m e n v e r t r a u l i c h –

Berichtsdatum: 22.02.10   Verfasser: Joachim Paulsen

Produkt:	Baugruppe Z434-131
Projektnummer:	2005–A12
Kunde:	Badische Motoren Union
Projektleiter:	Joachim Paulsen, Tel. 2322
Projektkaufmann:	Ulrike Weissberger, Tel. 4321

Projektbeschreibung

Die Baugruppe Z434-131 basiert in ihrer Funktionalität auf der Version Z434-126 und ist eine Maßnahme zur Kostenreduktion des Kunden. Sie dient der Steuerung der Ottomotorengeneration Baureihe G und soll wie der Vorläufer mit den bewährten Sensor- und Regelungskonzepten des Kunden harmonieren. Gleichzeitig soll eine Reihe von Neuerungen eingeführt werden. Harte Kostenvorgaben seitens des Kunden zwingen uns, die Stückkosten erheblich zu senken, was uns zu einem komplett neuen Entwurf zwingt. Auf der anderen Seite würde die neue Baugruppe ein Produkt eines Mitbewerbers verdrängen, so dass mit deutlich erhöhtem Marktanteil zu rechnen ist.

Projektziele

Vorgaben hinsichtlich des Produkts

Entwicklung der Baugruppe Z434-131 bis zur Fertigungsreife

Lastenheft (Kundenspezifikation) A112 V1.2 vom 02.02.10

Qualitätsspezifikation (Kundenspezifikation) Q112 V2.0

Preissenkung um 20 % (Kundenforderung)

Termine/Meilensteine (vorläufig)

M1 Projektfreigabe zur Planungsphase am 01.03.10

M2 Freigabe der Projektplanung zur Realisierung am 11.04.10

M3 Prototypenlieferung am 01.08.10

M4 Lieferung der Qualifikationsmuster am 31.10.10

M5 Interne Lieferfreigabe am 01.12.10

M6 Serienfreigabe durch Kunden am 15.12.10

Vorgaben hinsichtlich der Projektkosten und -aufwände

Design-to-Cost-Ansatz: Amortisierung der Entwicklungskosten innerhalb von 12 Monaten nach Fertigungsfreigabe aus zusätzlichem Volumen

Geschäftsziele:

- Steigerung des Umsatzes in diesem Produktsegment um 5 % im Geschäftsjahr 2011
- Steigerung des Marktanteiles in diesem Produktsegment um 11 % im Geschäftsjahr 2011

Prozessziele:

- Erfüllung der Normen DIN/EN laut Produktentwicklungshandbuch
- Projektbearbeitung nach Projekthandbuch Version 3

Projektrisiken (Initiale Risikoanalyse)	
Risiko	**Maßnahme**
Technische Umsetzung der neuen Produktfunktionalität	1.) Machbarkeitsstudie zu M2
	2.) Synergieuntersuchung für andere Kundenprojekte zu M2
Hohe Reduktion der Stückkosten	3.) Rentabilitätsnachweis durch Detail-Produktstrukturplan zu M2
15 Jahre Lieferverpflichtung	4.) Langfristige Vertragsbindung der Komponentenhersteller zu M2 prüfen
Markterfolg des Kunden bestimmt Stückzahl und Umsatz	5.) Strategische Marktstudie und Umsatzplan zu M2
Angebote von Wettbewerbern	6.) Enge Kundenanbindung durch den Vertrieb bis zur Vertragsunterzeichnung

Checkliste zum Abschluss der Definitionsphase	✓
Projektziele (Inhalte, Termine, Aufwände) liegen vor.	
Projektorganisation: Die Schlüsselpositionen für die Planungsphase sind besetzt: Applikationsingenieur: Claudia Meyer, Tel. 1211 Teamleiter Entwurf: Torsten Neubürger, Tel.1233 Teamleiterin Test: Susanne Trost, Tel. 4544 Teamleiter Fertigung: Peter Gerber, Tel. 3433 Qualitätssicherung: Wolfgang Trautmann, Tel. 1234	
Produktstruktur: Das Lastenheft/die Spezifikation wurde analysiert und die wichtigsten Komponenten wurden bestimmt: Dokument PSP-A12-2005D.	
Projektablauf: die Meilensteine laut Entwicklungshandbuch wurden vorläufig beplant.	
Eine initiale Risikoanalyse wurde durchgeführt und mit Maßnahmen belegt: Dokument Risk-A12.2005D.	
Es liegen von Kundenseite alle Daten vor, um zum Meilenstein 2 ein Angebot unterbreiten zu können. Referenz ist die Checkliste aus dem Produktentwicklungshandbuch.	

Freigabe zur Planungsphase durch den Lenkungsausschuss:

Hr. Joachim Paulsen   Datum, Unterschrift

....

[Projektleiter]

Fr. Ulrike Weissberger   Datum, Unterschrift

....

[kfm. Projektleitung]

Dr. Karl Gansmüller   Datum, Unterschrift

....

[Geschäftsführer]

Frau Paula Neumann   Datum, Unterschrift

....

[kfm. Leitung]

Bewertung und Wirkung des Berichtes

In dieser frühen Projektphase werden die Weichen für Erfolg oder Misserfolg gestellt. Daher sind die Hausaufgaben der Projektleitung mit hoher Sorgfalt zu erledigen, was sich in diesem Bericht sehr gut widerspiegelt. Dazu gehört in der Definitionsphase insbesondere die Klärung der Projektziele, denn nur bei Vorlage spezifischer und terminierter Vorgaben kann zielgerichtet gehandelt werden.

> **Achtung:**
> Führen Sie die Projektziele explizit auf und kennzeichnen Sie gegebenenfalls noch zu klärende Punkte.

Des Weiteren muss eine Strukturierung des Projektes hinsichtlich Inhalten, Ablauf und Organisation vorgenommen werden, um die Eckpfeiler für die Planungsphase zu setzen. In diesem Beispiel wird ein Produkt entwickelt, so dass ein Produktstrukturplan erstellt werden muss, der die wesentlichen Hard- und Softwarekomponenten enthält. Schon in dieser Phase wird die Projektleitung zum systematischen Durchdenken des Produktes gezwungen. Sie wird daher Experten einbeziehen, die die einzelnen Komponenten realisieren und bewerten können. Das Kernteam mit den wesentlichen Verantwortungsträgern entsteht, daher werden gleichzeitig die Fundamente für die Projektorganisation gelegt. Führen Sie also die relevanten Pläne auf (Produktstrukturplan, Ablaufplanung und Organisation) und nennen Sie die wichtigsten Mitarbeiter in Ihrem Team explizit.

Die Ablaufplanung wird in diesem Beispiel durch das Projekthandbuch mit der Meilensteinsystematik vorgegeben. Daher muss sie nicht neu entwickelt werden. Vorläufige Termine für die Meilensteine können aus dem Kundentermin und der Erfahrung mit anderen Projekten zurückgerechnet werden. Auch hier sind die Experten des Kernteams wichtige Erfahrungsträger.

Ebenso bedeutsam wie die Planung ist es, in das Risikomanagement einzusteigen. Natürlich liegen zu diesem Zeitpunkt kaum gesicherte Daten für einen detaillierten Review, z. B. der Pläne, vor, jedoch müssen die Anforderungen des Kunden und die Randbedingungen des Projektes betrachtet werden. In dieser Phase geht es letztlich um die Entscheidung, ob das Projekt überhaupt durchgeführt werden soll, daher sind die Markterwartungen des Kunden sicherlich zu überprüfen.

In diesem Bericht werden die Projektrisiken diskutiert. Schöner wäre es, wenn zu den Maßnahmen auch Verantwortliche angegeben würden. Ansonsten bleiben alle Aktionen an der Projektleitung „kleben".

Checkliste	✓
Wird das Projekt in seinen Grundzügen beschrieben?	
Werden die Projektziele aufgeführt und sind sie komplett (Inhalte, Termine, Aufwände)?	
Wird eine Strukturierung hinsichtlich Inhalten, Organisation und Ablauf vorgenommen?	
Wird die Projektsystematik ersichtlich (Referenz auf Projekthandbuch o. Ä.)?	
Werden die Mitglieder des Kernteams explizit erwähnt?	
Werden die Projektrisiken diskutiert?	

6.3 Sofortbericht in der Grundlagenforschung (Nanotechnologie)

Der folgende Bericht bezieht sich auf ein Forschungsprojekt an einem größeren Institut, welches auf dem Gebiet der Nanotechnologie tätig ist. Die Auftraggeber für derartige Vorhaben sind häufig öffentliche Organisationen, wie z. B. das Bundesministerium für Forschung und Technologie oder die Europäische Union. Private Auftraggeber sind Firmen oder Konsortien der Großindustrie und des Mittelstandes, die mithilfe des Instituts ihr Produkt- und Technologieportfolio weiterentwickeln.

Das Forschungsinstitut finanziert sich ausschließlich durch Forschungsvorhaben. Da jedes der einzelnen Vorhaben individuelle Ziele hat sowie von den anderen getrennt bearbeitet und einzeln budgetiert wird, ist das Forschungsinstitut projektorientiert organisiert. Die Projektleiter sind die erfahrensten Forscher und tragen für ihre jeweiligen Projekte die inhaltliche und wirtschaftliche Verantwortung gegenüber der Institutsleitung, sind aber im Gegenzug auch mit der entsprechenden Entscheidungsbefugnis ausgestattet. Die Institutsleitung kümmert sich in erster Linie um die Kontakte auf Vorstandsebene und damit um die Akquisition lukrativer Vorhaben. Im Projektverlauf wird der Institutsleitung in regelmäßigen Abständen berichtet, und im Falle größerer Abweichungen wird sie unverzüglich eingeschaltet.

Im vorliegenden Projekt sollen mikroskopisch kleine Komponenten, wie etwa Elektromotoren, entwickelt werden. Das Projekt befindet sich in der Definitionsphase, in der die Ziele und die Konsortialstruktur der beteiligten Firmen vereinbart werden. Aufgrund der letzten Verhandlungen entscheidet sich der Projektleiter zu eskalieren.

Projektbericht	
– Projektdefinition & Steckbrief –	
Projekt:	ALPHA300
Projektleiter:	Dr. Klaus Naumann
Abteilung:	Mikromechanik
Datum:	9. März 2010
Projektbeschreibung	Das Projekt ALPHA300 dient der Prozessentwicklung für eine Technologie zur Integration von mikromechanischen Komponenten und Steuer-/Auswertelogik auf einem Chip. Mögliche Anwendungen liegen in der Medizintechnik.

Innovation & Nutzen	• Verkleinerung äquivalenter Komponenten des bisherigen ALPHA200-Prozesses um 30 % und Integration der Steuerlogik.
	• Dadurch geschieht eine Erweiterung des Anwendungsspektrums auf neue Felder. Direkte Umsetzung der Technologie in Produkten der industriellen Konsortialpartner.
	• Kostenreduktion durch Einchip-Lösungen.
Projektziele	• Realisierung von 30 % Flächenreduktion gegenüber dem APLHA200-Prozess
	• Nutzung derselben Fertigungslinien[1]
	• Steigerung der Prozesskomplexität $< 20 \%$ [1]
	• Integration von max. 100.000 Gattern je Chip mit mikromechanischer Komponente (Hybrid-Technologie)
	[1] Referenz ist der ALPHA200-Prozess
Projektlaufzeit	4. April 2010 bis 31. Juli 2013
Weitere Konsortialpartner & Interessenten	1.) Bundesministerium für Forschung (BMBF), Berlin
	Interesse: Stärkung des Wirtschaftsraumes Deutschland mit Schwerpunkt auf das Technologie- und Halbleiterzentrum in Dresden
	2.) Hübner Medizintechnik (HMT), Dresden
	Interesse: Vorentwicklung einer neuen Produktgeneration von medizintechnischen Sensoren
	3.) Escalavon Technologies (EscT), Dresden
	Interesse: öffentliche Finanzierung der Technologieentwicklung zur späteren Fertigung
	4.) Technische Universität Padua (TUP), Lehrstuhl für Mikromechanik
	Interesse: Akquisition von Forschungsgeldern gegen Einbringen der Test- und Prüftechnologie

Meilensteine	Vorläufiger Meilensteinplan:
	Projektstart am 1. April 2010
	M1: Technologiekonzept: 31. Oktober 2010
	M2: Einzelprozesse: 30. Juni 2011
	M3: Entwurf des Testchips: 30. November 2011
	M4: Auswertung des Testchips: 31. März 2012
	M5: Prozessübergabe an EscT: 30. Juni 2012
	M6: Entwurf Prototyp: 30. November 2012
	M7: Auswertung Prototyp 31. März 2013
	M8: Projektabschluss 31. Juli 2013
Projekt–finanzierung	Projektbudget: 3.600.000 €
	Finanzierung durch BMBF (40 %), HMT (30 %) und EscT (30 %)
	EscT steuert seinen Anteil durch die Nutzung der Fertigungslinie und entsprechende Ressourcen bei.
	Zahlung der Barmittel nach Projektfortschritt/Meilensteinen
	Stand der Verhandlung:
	Projektbudget, Meilensteine und Zahlungsplan sind seitens der Financiers genehmigt und verabschiedet.
	Kritisch:
	Die Universität Padua verlangt für die Test- und Prüftechnik 60 % der zur Verfügung stehenden Barmittel.
	Mit den verbleibenden 40 % ist die Durchführung des Projektes von unserer Seite **nicht mehr finanzierbar**.
	Vorschlag seitens der Projektleitung:
	Da die Test- und Prüftechnik nachgelagert und technisch und zeitlich unkritisch ist, sollte ein anderer Konsortialpartner gesucht werden.
	Hiervon sind die Investoren (BMBF, HMT und EscT) im Rahmen weitere Verhandlungen zu überzeugen.

Bewertung und Wirkung des Berichtes

Das Projekt befindet sich in der Definitionsphase, hier werden die Weichen für den späteren Projekterfolg gestellt. In einem Bericht bzw. Steckbrief sollen die wichtigsten Eigenschaften und Parameter des Projektes übersichtlich und prägnant dargestellt werden.

In der Definitionsphase sind mindestens Projektziele, Projektablauf, Projektorganisation und eine erste Risikoanalyse zu erarbeiten.

- Projektziele heißt, die inhaltlichen Ziele des Projektes, wie z. B. Lieferungen und Leistungen. Hier ist es die Technologie als Ergebnis des Projekts. Hinzu kommen die Terminziele und die Aufwandsziele (Budget).
- Die Ablauforganisation wird in dem Beispiel durch den Meilensteinplan sowohl inhaltlich als auch von der Terminseite her festgelegt.
- Die Projektorganisation, auch Aufbauorganisation genannt, wird im Beispiel durch die Konsortialstruktur und ihre Rollenverteilung bestimmt. Sehr schön ist, dass die Interessen der einzelnen Konsortialpartner erläutert werden. Die Grundlage dafür ist eine Projektumfeld- oder Stakeholderanalyse.
- Hilfreich wäre es, auch die gesamte Organisation aufzuführen. (Welcher Konsortialpartner führt welchen Bereich? Wer hat die Gesamtprojektleitung?)
- Auch fehlen im Bericht Informationen zur eigenen Rolle und zur Aufstellung des Projektteams innerhalb des Institutes. Dies wäre für den Leser, hier der Institutsleitung, noch ein wichtiger Hinweis, inwieweit das Projekt tatsächlich schon startbereit ist.

Achtung:
Vergessen Sie nicht, im Projektsteckbrief auch die Rolle der eigenen Organisation darzustellen!

Der Verweis auf Projektrisiken fehlt in unserem Beispiel. Gerade bei innovativen Projekten in Forschung und Entwicklung sind fachlich-inhaltliche Risiken jedoch immer ein Bestandteil der Arbeit. Trotz der frühen Projektphase sollten aus den Zielen und den bisher gemachten Erfahrungen ähnlicher Projekte bereits wichtige Rückschlüsse gezogen werden.

Dieser Bericht enthält allerdings nicht nur eine reine Aufzählung von Steckbriefinformationen, sondern eine gravierende Änderung. Einer der Konsortialpartner beansprucht einen Anteil am Projektbudget, der nach Meinung der Projektleitung in keinem Verhältnis zum zu liefernden Beitrag steht. Das Institut erhält nach Meinung des Projektleiters nicht mehr genügend finanzielle Mittel, um die eigenen Leistungen zu erbringen. Daher schlägt er vor, die Struktur des Konsortiums zu ändern, allerdings ohne konkreten Vorschlag. Die Verzögerungen durch diese Komplikation so kurz vor Projektstart werden nicht ersichtlich.

Achtung:
Kennzeichnen Sie unbedingt gravierende Änderungen im Vergleich zu früheren Berichten und führen Sie deren Auswirkungen und Konsequenzen auf!

Checkliste	✓
Gibt der Projektsteckbrief einem Außenstehenden Auskunft über die wichtigsten Eigenschaften des Projekts?	
Sind die Ziele und der Nutzen des Projekts beschrieben?	
Sind einzuhaltende Randbedingungen und Beschränkungen aufgeführt?	
Ist der Projektablauf (Meilensteine) beschrieben?	
Ist die Projektorganisation aufgeführt?	
Sind die wesentlichen Projektrisiken aufgeführt?	
Kann der Projektsteckbrief laufend fortgeschrieben werden?	

6.4 Entscheidungsvorlage in der Produktentwicklung (Versicherung)

Im hart umkämpften Versicherungsmarkt möchte das Versicherungsunternehmen „Versicherungsservice" sein Produktportfolio um ein neues Produkt erweitern. Zielgruppe für das neue Produkt „Extremely" sind Extremsportler, wie beispielsweise Fallschirmspringer, Freeclimber, Rafter, Triathleten usw. Diese wurden bislang in der Versicherungsbranche wenig berücksichtigt, da die Wahrscheinlichkeit eines Sportunfalls erheblich ist und somit die Versicherungssummen zur Abdeckung recht hoch ausfallen. Das Unternehmen möchte sich nun dieser Problematik annehmen und sich damit als Nischenanbieter positionieren.

In der Definitionsphase soll geklärt werden,

- ob die Machbarkeit gewährleistet ist,
- welche Risiken im Besonderen zu erwarten sind,
- in welchem Zeitrahmen das Projekt realisiert werden könnte und
- welches Projektbudget dafür einzuplanen ist.

Die Projektleitung berichtet direkt an den Vorstand. Die folgende Entscheidungsvorlage soll den Vorstand bei seiner Entscheidung unterstützen, das Projekt umzusetzen, also die Planung und Realisierung zu genehmigen oder die Zielsetzung gegebenenfalls anzupassen.

Entscheidungsvorlage
Projektbezeichnung: Vorstudie „Extremely"
Versicherungspaket für Extrem- und Leistungssportler
Projektinhalt/-ziele: • Entwicklung und Vermarktung eines Versicherungspaketes für Extrem- und Leistungssportler • Unterstützung der strategischen Ausrichtung des Unternehmens: Nischenstrategie • Analyse der potenziellen Zielgruppe und der Wettbewerbersituation
Projektumfeld: Extern: Zielgruppe Extrem- und Leistungssportler; Wettbewerb; gesetzliche und versicherungsrechtliche Rahmenbedingungen   Intern: Beteiligte Fachabteilungen, Versicherungsexperten
Geplante Termine: Projektbeginn: März 2010   Projektende: September 2010 Zwischentermine: Analyse der Zielgruppe und der Wettbewerbersituation ist abgeschlossen am 31.03.2010; Entwicklung ist abgeschlossen im: August 2010; Marketing startet ab: April 2010; Produktverkauf: ab September 2010
Geplanter Kapazitätsaufwand: 100 Personentage
Geplantes Budget: 1 Mio. Euro
Projektbeteiligte: Projektleitung: Herr Peters, Fachabteilungen

Lenkungsausschuss: Vorstand	Expertenteam: Versicherungsexperte Hr. Müller

Risiken: Analyse der Zielgruppe und der Wettbewerbersituation bringt die Entscheidung, das Projekt nicht fortzusetzen, da Zielgruppe keinen Bedarf sieht bzw. der Wettbewerb ähnliche Produkte schon anbietet.	
Datum: 03. März 2010	.... Unterschrift Auftraggeber
Datum: 03. März 2010	.... Unterschrift Projektleitung

Bewertung und Wirkung dieser Entscheidungsvorlage

Der Projektleiter hat die Projektdaten in einer Entscheidungsvorlage zusammengetragen. Diese Informationen sollen dem Vorstand bei seiner Entscheidung, das Projekt zu genehmigen und umzusetzen, unterstützen. Allerdings kommt aus diesen Informationen nicht klar heraus, welche Inhalte dieses Projekt hat: Beinhaltet es ausschließlich die Vorstudie für die Entwicklung und Vermarktung eines neuen Versicherungspaketes oder neben der Vorstudie auch die Entwicklung und das Produktmarketing?

Bei neuen Produktentwicklungen ist ein „Vorprojekt" in Form einer Machbarkeitsstudie mit einer Zielgruppen- und Wettbewerbsanalyse, einer Preiskalkulation (zu welchem Preis kann das Produkt verkauft werden?) sowie einer Stückzahlplanung (wie viele Produkte können jährlich verkauft werden?) sinnvoll.

Ganz wichtig ist hier die konkrete Zieldefinition: Welche Ziele haben wir und welche Ergebnisse erwarten wir nach Ende der Vorstudie?

Ergebnisse können z. B. sein:

1. Bedarfsanalyse der Zielgruppe
3. Wettbewerbsanalyse: Wie viele und welche Wettbewerber haben ein gleiches oder ähnliches Produkt schon auf dem Markt?
4. Wie teuer werden die Entwicklung und die Vermarktung des neuen Produktes?
5. Wann wird der ROI (Return on Investment) erreicht?

Erst wenn die Vorstudie abgeschlossen ist und die Ergebnisse positiv ausfallen, wird die Entscheidung getroffen, ein neues Projekt zu initiieren um das Produkt zu entwickeln und zu vermarkten.

> **Achtung:**
> Grenzen Sie Ihr Projekt konkret ab: Handelt es sich um eine Machbarkeitsstudie in Form eines Vorprojektes? Soll das Projekt in ein Vorprojekt (Machbarkeitsstudie) und ein Hauptprojekt (Entwicklung, Realisierung, Vermarktung usw.) unterteilt werden? Welche Ergebnisse werden jeweils erwartet?

Verbesserungs- und Ergänzungsvorschläge

- Der Projektleiter hat die Projektziele grob zusammengefasst. Für die Entscheidungsvorlage ist dies ausreichend, allerdings müssen die detaillierten Ziele anschließend aufgelistet und dokumentiert werden. Sind viele Informationen schon bekannt, dann lohnt es sich, in der Anlage einen „Zielkatalog" anzuhängen.
- Das Projekt sollte in ein Vorprojekt (Machbarkeitsstudie, Zielgruppen- und Wettbewerbsanalyse) und in ein Hauptprojekt (Entwicklung und Vermarktung) aufgeteilt werden.
- Für eine Entscheidungsvorlage sind die genannten Informationen im Projektauftrag nicht ausreichend. Es fehlen wesentliche Informationen, wie z. B. die Machbarkeit oder eine Wirtschaftlichkeitsbewertung. Erst die Durchführung eines Vorprojektes kann die Informationen für eine detaillierte Entscheidungsvorlage liefern.

Checkliste	✓
Sind die Informationen aussagekräftig und präzise formuliert?	
Sind die Projektziele klar, eindeutig und messbar formuliert?	
Sind alle Informationen, Daten und Ergebnisse vorhanden, um eine sichere Entscheidung zu treffen?	
Haben alle Beteiligten dasselbe Verständnis von Projektinhalt, Projektzielsetzung und Rahmenbedingungen?	

6.5 Entscheidungsvorlage im Controlling-Projekt (Maschinenbau)

Die Firma „KLEINERT GmbH" ist ein mittelständisches Unternehmen im Maschinenbau. Sie entwickelt und fertigt landwirtschaftliche Maschinen. Das Unternehmen möchte ein Informations- und Management-System (IMS) in seinem Betrieb einführen, um die Steuerungs- und Informationsmöglichkeiten zu erhöhen, die Reaktionsgeschwindigkeit und den Service zu verbessern und damit seine Marktanteile zu erhöhen.

Von mehreren Anbietern wurden Angebote über ein IMS eingeholt. Herr Müller, Projektleiter und Chef der Abteilung Controlling, soll diese Angebote auswerten und eine Entscheidungsvorlage für die Geschäftsführung ausarbeiten. Die Entscheidungsvorlage soll folgende Punkte enthalten:

- Vergleichsdarstellung dreier Anbieter von IMS bzgl. der Kosten
- Abdeckung der strategischen Ziele Steuerung und Information, Reaktionsgeschwindigkeit, Serviceverbesserung
- Beantwortung der Frage, ob ausreichende Kapazitäten zur Realisierung dieses Projektes vorhanden sind
- Klärung, ob das notwendige Know-how vorhanden ist oder durch externe Dienstleister abgedeckt werden muss
- Klärung, ob die technischen und organisatorischen Voraussetzungen gegeben sind

Aus diesen Anforderungen heraus erarbeitet Herr Müller eine Entscheidungsvorlage für das Management-Informations-System und präsentiert diese der Geschäftsführung der „KLEINERT GmbH".

1. Entscheidungsvorlage	
Projekt:	**Datum:**
Informationssystem	14. März 2010
Entscheidungsvorlage	Ersteller: Herr Müller
Ausgangssituation: Zur Verbesserung und transparenten Darstellung unseres Unternehmens soll ein Informationssystem eingeführt werden. Die Anforderung dazu kam von der Geschäftsführung.	
Zielsetzung des Unternehmens: • Verbesserte Steuerung der Unternehmensdaten und -informationen • Mehr Transparenz über Unternehmensdaten und -informationen • Verbesserte Reaktionsgeschwindigkeit gegenüber unseren Kunden und Partnern • Verbesserung unserer Servicequalität	

TOP 1: Kostenvergleich der Angebote – Gesamtkosten:

Angebot Alpha = 91.500 €

Angebot Beta = 100.500 €

Angebot Gamma = 94.000 €

(s. Anlage Kostenvergleichsrechnung)

TOP 2: Bewertung der Angebote bzgl. der Unternehmenszielsetzung:

Alpha = 7 Bewertungspunkte, Beta = 6 Bewertungspunkte,

Gamma = 8 Bewertungspunkte (s. Anlage)

TOP 3: Bewertung der internen Infrastruktur

Für dieses Projekt werden in der EDV keine ausreichenden Ressourcen zur Verfügung stehen.

Empfehlung: sämtliche Programmierungs- und Anpassungstätigkeiten über Externe durchführen lassen.

Zusätzliche Kosten: 50.000 €

Die technischen und organisatorischen Voraussetzungen sind gegeben.

TOP 4: Risikoanalyse (s. Anlage)

Empfehlung: Entscheidung für Angebot Gamma:

Kosten: 94.000 €

Erfüllung der Unternehmensziele: 8 Punkte (höchster Punktwert)

Das Projekt „Informationssystem" sollte durchgeführt werden, die interne Infrastruktur ist gegeben, die Risiken sind zu managen.

Mit der Vergabe sämtlicher Programmierungs- und Anpassungstätigkeiten belaufen sich die Gesamtkosten auf 144.000 €.

(Anlage: Projektauftrag)

Datum: 14.03.2010, Otto Müller

2. Anlagen

2.1. Kostenvergleichsrechnung

2.2. Bewertung der Angebote

2.3. Risikoanalyse

2.4 Projektauftrag

TOP 1: Anlage Kostenvergleichsrechnung

	Angebot Alpha	Angebot Beta	Angebot Gamma
Produktkosten „Informationssystem"	77.000	85.000	80.000
Anpassungskosten Modul X	4.500	3.000	3.500
Betreuungskosten 5 Jahre	10.000	12.500	10.500
Gesamtkosten	**91.500**	**100.500**	**94.000**

TOP 2: Bewertung der Angebote

Unternehmensziele	Alpha	Beta	Gamma
Verbesserung der Steuerung von Unternehmensdaten	2	2	2
Informationsverbesserung	2	2	2
Transparenz	1	2	2
Verbesserte Reaktionsgeschwindigkeit	1	0	1
Servicequalität	1	0	1
Summe	**7**	**6**	**8**

Legende: 2 = wird erfüllt, 1 = wird mittelmäßig erfüllt, 0 = wird nicht erfüllt

TOP 4: Risikoanalyse

Risiko	EW	TW	RPZ (EW* TW)	Vorbeugende Maßnahmen	Korrigierende Maßnahmen
Abstimmung der Programmierarbeiten mit den externen Dienstleistern ist unkoordiniert/ lückenhaft = fehlerhafte Programmierung	2	3	6	Regelmäßige Abstimmungsrunden Controlling Statusmeetings	Hotline/ „Rotes Telefon"

Legende: EW = Eintrittswahrscheinlichkeit, TW = Tragweite, RPZ = Risikoprioritätszahl; 3 = hoch, 2 = mittel, 1 = niedrig

Projektauftrag
Projektbezeichnung:
„Einführung Informations- und Management-System (IMS)"
Projektinhalt/-ziele:
Entwicklung und Implementierung eines Informations- und Management-Systems im Unternehmen
Projektumfeld:
Extern: Kunden, Partner
Intern: Geschäftsführung, alle Fachabteilungen, Betriebsrat
Geplante Termine:
Projektbeginn: April 2010   Projektende: Dezember 2010
Zwischentermine: vollständiges Konzept ist erarbeitet bis Ende Mai 2010; Entwicklung ist abgeschlossen im September 2010; Implementierung und Test bis Ende November 2010; Schulung aller Mitarbeiter bis Ende Dezember 2010
Geplanter Kapazitätsaufwand:
200 Personentage
Geplantes Budget:
144.000 Euro
Projektbeteiligte:
Projektleitung: Herr Müller, Mitarbeiter aus den jeweiligen Fachabteilungen, externer Dienstleister Fa. Gamma

Lenkungsausschuss:	Expertenteam:
Geschäftsführung	Fa. Gamma

Risiken:
Abstimmung mit externem Dienstleister

Datum:	....
14. März 2010	Unterschrift Auftraggeber
Datum:	*Otto Müller*
14. März 2010	Unterschrift Projektleitung

Bewertung und Wirkung dieser Entscheidungsvorlage

Die Entscheidungsvorlage wurde vom Projektleiter übersichtlich dargestellt. In der Zeile „Ausgangssituation" beschreibt er kurz, warum dieses Projekt initiiert wurde. Er beschreibt in der Zeile „Zielsetzung des Unternehmens" die Anforderungen der Geschäftsführung. Hier wäre es wiederum sinnvoll, diese Ziele noch konkreter, d. h. messbarer zu formulieren. Was z. B. bedeutet „verbesserte Reaktionsgeschwindigkeit"? Ist damit eine Reaktion innerhalb einer Stunde oder innerhalb von 24 Stunden gemeint? Hier gilt es, den Auftraggeber nochmals ganz konkret zu befragen und gemeinsam mit ihm die Parameter zur Ergebnismessung festzulegen.

Achtung:
Nehmen Sie sich genügend Zeit zur Klärung Ihres Projektauftrags! Treffen Sie sich, wenn notwendig, mit Ihrem Projektauftraggeber zu einem „Projektzielfindungs-Workshop".

Sehr gut ist die Bewertung der Angebote gemäß der Unternehmenszielsetzung. Damit stellt der Projektleiter sicher, dass das Projekt konform zu den Unternehmenszielen ist. Bewerten Sie jede Projektidee, jeden Projektvorschlag auch nach der Unternehmenszielsetzung, aber grenzen Sie Unternehmensziele und Projektziele immer voneinander ab.

Ein ebenfalls wichtiger Punkt ist die Überprüfung der Infrastruktur im Unternehmen. Oftmals ist bei IT-Projekten die Infrastruktur wie z. B. eine geeignete Hard- und Software-Ausstattung nicht vorhanden. Die Kosten für die Investition müssen in der Projektkostenplanung berücksichtigt werden.

Die Analyse der Risiken ist Pflicht in jedem Projekt. Klären Sie also die Risiken im Vorfeld eines Projektes und überprüfen Sie die Auswirkungen auf Ihr Projekt hinsichtlich der Tragweite (Kosten, Termine und Qualität) und der Eintrittswahrscheinlichkeit. Erarbeiten Sie die möglichen Projektrisiken gemeinsam mit Ihrem Auftraggeber.

Verbesserungs- und Ergänzungsvorschläge

- Der Projektleiter hat viele wichtige Informationen für eine Entscheidung zusammengestellt. Die Risikoanalyse ist an dieser Stelle jedoch nicht ausreichend. Die Einführung eines Informations-Management-Systems kann z. B. auf Vorbehalte der Mitarbeiter stoßen (Vorwürfe der „Kontrolle", „Überwachung" etc.). Diese so genannten „weichen Faktoren" müssen unbedingt berücksichtigt werden, um die Stakeholderzufriedenheit zu gewährleisten.
- Unterteilen Sie das geplante Budget in externe und interne Budgetvorgaben (Kosten).
- Mit dem Projektauftrag greift der Projektleiter der Entscheidung durch die Geschäftsführung schon vor. Es wurde aber noch keine Entscheidung durch die Geschäftsführung getroffen. Der Projektleiter hat lediglich eine Empfehlung ausgesprochen. Vielleicht findet die Geschäftsführung noch andere Gesichtspunkte, die zu berücksichtigen sind. Also immer erst die Entscheidung abwarten! Besser ist es, Informationen wie Dauer, Termine usw. in Form eines Projektvorschlags zu dokumentieren.

Checkliste	✓
Unterstützt das Projekt die Ziele Ihres Unternehmens?	
Sind alle möglichen Risiken bekannt, dokumentiert und bewertet?	
Wurden auch die „weichen Risiken", wie Ängste der Mitarbeiter etc., berücksichtigt?	
Wurden die externen Dienstleister überprüft? (Empfehlungen, ggf. Besuche vor Ort?)	
Reichen die Informationen aus, um eine konkrete Projektentscheidung zu treffen?	

6.6 Entscheidungsvorlage im Messeprojekt (Schreibwarenbranche)

Der Schreibwarenhersteller „Schreibfix GmbH" ist ein mittelständisches Unternehmen und hat sich in den letzten zwei Jahren auf Schreibgeräte (Füllhalter, Kugelschreiber) für Linkshänder spezialisiert.

Um seine Produkte noch bekannter zu machen und im Markt flächendeckend einzuführen, möchte das Unternehmen im Oktober an der Messe „Orga & Tech" als Aussteller teilnehmen. Es wird das erste Mal sein, dass die Firma das Podium einer Messe als Marketingmaßnahme nutzt. Umso wichtiger ist es für das Unternehmen, den Messeauftritt professionell zu gestalten. Aus diesem Grund soll dieser als Projekt durchgeführt werden. Herr Auter, Assistent der Geschäftsführung, wurde beauftragt, eine grobe Zeit- und Kostenabschätzung zu erarbeiten und diese in einem Projektvorschlag zu dokumentieren. Das Resultat ist folgender Vorschlag für das Projekt „Messeauftritt bei der Orga & Tech" im Oktober 2010.

Projektvorschlag	Datum: 15.03.2010
Projekttitel: „Messeauftritt bei der ‚Orga & Tech' im Oktober 2010	
Ausgangsbasis für den Projektvorschlag (Warum?): In den letzten zwei Jahren haben wir uns auf Produkte für Linkshänder spezialisiert. Um einen höheren Bekanntheitsgrad im Markt zu erreichen und damit unsere Marktchancen zu erhöhen, möchten wir uns im Oktober als Messeaussteller bei „Orga & Tech", der größten Messe für Büroorganisation in Deutschland, beteiligen.	
Projektziele: • Messeauftritt bei der „Orga & Tech" im Oktober 2010 • Einsatz von PM-Methoden zur Planung und Durchführung dieses Projektes • Erfahrungswerte sammeln für ähnliche zukünftige Projekte	

Wie hoch ist die Bedeutung des Projektes für das Unternehmen?
☑ hoch   ☐ mittel   ☐ niedrig
Unternehmenszielsetzung:
• höherer Bekanntheitsgrad im Markt durch diese Messe
• Erhöhung unserer Marktchancen

Gibt es ggf. andere Alternativen? Ja	Wie sind diese zu beurteilen?
Alternative 1: Einsatz anderer Marketing- maßnahmen, wie Werbebriefe, Anzeigen etc.	Werden parallel schon durchgeführt; durch eine Messeaktion erhalten wir aber direkter und schneller Feedback von potenziellen Kunden.

Existieren Schnittstellen zu anderen Projekten?
☐ ja   ☑ nein
Wenn ja: Welche?

Interne Kosten (geschätzt):	Externe Kosten (geschätzt):	Dauer (geschätzt):	Aufwand (geschätzt):
88.000 €	15.000 €	8 Monate (Tage/Wo/Mon)	110 PT (Tage/Wo/Mon)

Vorschlag Projektleitung: Herr Auter
s. Anlagen: Phasen- und Meilensteinplan

Folgende Phasen hat Herr Auter für das Projekt zusammengestellt:

Phasenplan	Aufgaben	Geschätzte Dauer	Geschätzter Aufwand	Geschätzte Kosten

Konzept-
phase
	• Zielkatalog festlegen
	• Projektorganisation
	  festlegen
	• Wirtschaftlichkeits-
	  betrachtung erstellen
	• Projekt-Start-Work-
	  shop durchführen
	• Grobkonzept erstellen
		1 Monat	15 Perso-
			nentage
			(PT)
				15 Tage
				× 8 Std.
				× 100 €
				Std.-Satz
				= 12.000 €

Detail- planung	• Projektplan erstellen • Finanzierungsplan erstellen • Feinkonzept erstellen	3 Monate	45 PT	36.000 €

Messe-vorberei-tung	• Messeauftritt vorbe-reiten, ggf. mit Fach-programm • Werbung • Einladung Kunden • Abstimmung mit Messebauer • Einteilung Standper-sonal	2 Monate	30 PT	24.000 €
Messe-durchfüh-rung	• Messeaufbau • ggf. Fachprogramm • Messedurchführung • Messeabbau	1 Woche 10.10.- 14.10. 2010	15 PT (3 Mitarb. als Stand-personal)	12.000 € 15.000 € ext. Kosten
Messe-nachbe-reitung	• Auswertung, Nachkal-kulation • Kunden, potenzielle Kunden nachbetreuen • Abschlussbericht erstellen • Projektdokumentation archivieren	1 Monat	5 PT	4.000 €
Summe		**8 Monate**	**110 PT**	**103.000 €**

Als zweiten Anhang fügt Herr Auter eine Zusammenstellung der vorgesehenen Meilensteine bei:

Meilensteinliste		
Phase	Meilenstein	Ziel
Konzeptphase	M1	Entscheidung über Freigabe Grobkonzept
	M2	Entscheidung über die Freigabe der nächsten Phase
Detailplanung	M3	Entscheidung über Freigabe Feinkonzept und Finanzierung
	M4	Entscheidung über Freigabe der nächsten Phase

Messevorbereitung	M5	Entscheidung über Freigabe der nächsten Phase
Messedurchführung	M6	Messebeginn
	M7	Messeabschluss
Messenachbereitung	M8	Projektabschlussbericht

Bewertung und Wirkung dieser Entscheidungsvorlage

Hier wurde als Entscheidungsvorlage die Form eines Projektvorschlags gewählt. Der Projektleiter erläutert die Ausgangssituation, d. h., er beschreibt, aus welchem Grund dieses Projekt durchgeführt werden soll. Die Projektziele sind allerdings nicht konkret genug beschrieben. Was soll der Messeauftritt konkret bewirken? Spätestens bei der Projektbeauftragung sollten die Ziele festgelegt und messbar beschrieben sein.

Gut sind die Aussagen zur Bedeutung des Projekts für das Unternehmen, die Nennung möglicher Alternativen zu diesem Projektvorschlag sowie die Betrachtung der Schnittstellen zu möglichen anderen Projekten. Damit signalisieren Sie als Projektleiter, dass Sie auch über den Tellerrand hinausschauen können und andere Einflussfaktoren mit berücksichtigen.

Um einen aussagefähigen Projektvorschlag vorlegen zu können, hat der Projektleiter schon einiges ausgearbeitet. Zum Beispiel stellt er anhand einer Phasenliste die Phasen und deren geschätzte Dauer, den Aufwand und die Kosten gegenüber. Auch hat er die wesentlichen Aufgaben innerhalb der Phasen sehr gut beschrieben. Bei der Projektbeauftragung können diese Informationen für die weitere Detaillierungsplanung herangezogen werden.

Die Meilensteinliste ist ebenfalls ein gutes Instrument, um einerseits die wichtigsten Meilensteine im Projekt darzustellen und andererseits die Ziele je Phase festzulegen. Auch diese Informationen können für die weitere Planung eingesetzt werden und sind wesentlich für die Meilensteinberichte.

Mit jedem Projektvorschlag überprüfen Sie die Realisierbarkeit eines potenziellen Projektes, die Einbindung in die Unternehmensstruktur (Projektbedeutung für das Unternehmen, Schnittstellen zu anderen Projekten im Unternehmen) und prüfen, ob es gegebenenfalls andere Alternativen zum Projekt gibt. Damit wird jeder Projektvorschlag zuerst auf den Prüfstand gestellt, bevor die Umsetzung erfolgt. So stellen Sie frühzeitig sicher, dass keine unrealistischen Projekte zur Durchführung kommen. Zeit- und Geldverschwendung werden somit vermieden.

Verbesserungs- und Ergänzungsvorschläge

- Überprüfen Sie sehr genau, ob eventuell Schnittstellen zu anderen Projekten im Unternehmen existieren. Dies wird häufig vernachlässigt und führt u. U. zu Projekt- bzw. Interessenskonflikten. In diesem Beispiel könnte es Schnittstellen bzw. Synergieeffekte zu anderen Vertriebsprojekten geben. In einer Umfeldanalyse hätte Herr Auter dies erkennen können.
- Die im Projektvorschlag aufgelisteten Projektziele sind zuerst nur grobe Richtwerte. Im nächsten Schritt müssen auf alle Fälle die Projektziele detailliert und messbar beschrieben werden.

Checkliste	✓
Welche Bedeutung hat dieses Projekt für Ihr Unternehmen?	
Gibt es ggf. günstigere Alternativen?	
Wenn ja, welche Alternativen können zur Auswahl gestellt werden?	
Gibt es Schnittstellen zu anderen Projekten im Unternehmen?	
Können die Kosten, die Dauer und der Aufwand schon grob abgeschätzt werden?	
Reichen die Informationen aus, um das Projekt freizugeben?	

7 Berichte für die Planungsphase

7.1 Statusbericht in der Produktentwicklung (Versicherung)

Der Vorstand des Versicherungsunternehmens „Versicherungsservice" hat sich entschieden, das Projekt „Extremely" in ein Vor- und ein Hauptprojekt aufzuteilen. In dem Vorprojekt wurden inzwischen eine Machbarkeitsstudie sowie eine Zielgruppen- und Wettbewerbsanalyse erfolgreich durchgeführt. Auf Grund dieser Daten hat sich der Vorstand entschieden, das Projekt „Extremely" durchzuführen.

Die Projektleitung und das Projektteam haben nun die Aufgabe, auf der Grundlage der Machbarkeitsstudie und der Analysen eine Projektplanung zu entwickeln. Sobald die Projektplanung abgeschlossen ist, wird die Planung dem Vorstand präsentiert. Das Ziel soll sein, dass die Entscheidung zur Durchführung des Projektes auf realistischen Planungsdaten basiert.

Die Planungsphase hat begonnen. Schon in den ersten Wochen ergeben sich neue Erkenntnisse aus dem Markt. Offensichtlich reichte die erste Zielgruppenanalyse nicht aus. In einem ersten Schritt erstellt der Projektleiter einen Statusbericht, um die bisherige Situation darzustellen. Im zweiten Schritt soll ein Änderungsbericht aufzeigen, welche korrektiven Maßnahmen zu ergreifen sind.

Statusbericht	Datum: 15. April 2010	Seite 1 von 1
Projektleiter: Herr Peters	Projekt: Projekt „Extremely"	Berichtszeitraum: 03.03.-14.04.2010

Trend		
Leistung	↓	↑ Verbesserung
Termine	●	● gleichbleibend
Kosten	↓	↓ Verschlechterung

Status Leistung/Qualität:	Maßnahmen bei Abweichung:
In einem Vorprojekt wurden eine Machbarkeitsstudie sowie eine Zielgruppen- und Wettbewerberanalyse durchgeführt. Am 31.03. wurde die Entscheidung für die Planung und Durchführung des Projektes getroffen. Das Projekt befindet sich momentan in der Planungsphase. **Achtung:** Die Zielgruppenanalyse war nicht ausreichend!	s. Änderungsbericht
Status Termine: Die Termine konnten bislang alle eingehalten werden.	Maßnahmen bei Abweichung:
Status Kosten: Sollte die Zielgruppenanalyse erweitert werden, werden vermehrt Kosten auftreten.	Maßnahmen bei Abweichung: s. Änderungsbericht

Aktivitäten im nächsten Berichtszeitraum:
Fortsetzung der Projektplanung, die bis Ende April abgeschlossen sein sollte.
Nach positiver Entscheidung erweiterte Analyse der Zielgruppen!

Bewertung und Wirkung des Berichtes

Der Projektleiter hat den Status sehr kurz, auf einer Seite, zusammengefasst. Dieser 1-Seiten-Statusbericht erleichtert dem Empfänger das Lesen und Verstehen. Er sieht auf einen Blick die für ihn relevanten Informationen. Die Symbole für eine Trendaussage zeigen sofort erkennbar auf, wo das Projekt sich momentan befindet.

Achtung:
Die Form eines Statusberichts sollten Sie auf alle Fälle standardisieren. Immer wieder unterschiedliche Layouts und Formen erschweren dem Empfängerkreis das Verständnis. Eine Projekthistorie und der Projekttrend über die Projektlaufzeit lassen sich dann nur schwer ableiten.

Im Statusbericht konzentrieren Sie sich auf die Aussagen zu den Projektrahmendaten: Situation der Leistung und Qualität, Terminsituation und Kostensituation. Den Empfängerkreis, in diesem Beispiel der Vorstand, interessiert sich hauptsächlich für die Projektrahmendaten. Detailinformationen werden nach Bedarf nachgefragt, haben aber in einem Statusbericht nichts zu suchen.

Verbesserungs- und Ergänzungsvorschläge

- In diesem Statusbericht sind kaum „ZDF-Elemente" – Zahlen, Daten, Fakten – zu sehen. Hier fehlt also die Aussage, ob gemäß Projektauftrag die geplanten Termine sowie der Kostenrahmen eingehalten und die Leistungen erbracht werden können.
- Der Hinweis „Achtung: Die Zielgruppenanalyse war nicht ausreichend!" geht in dieser Form unter. Besser wäre es, diesen Punkt fett markiert oder farbig (rot) herauszustreichen.
- Der Projektleiter verweist in der Rubrik „Maßnahmen" auf einen Änderungsbericht. Er sollte zumindest in Stichworten dokumentieren, welche Änderung mit welchen Auswirkungen vorgenommen wurde. Gegebenenfalls kann der Änderungsbericht diesem Statusbericht angeheftet werden.

Checkliste	✓
Sind die Informationen nach ZDF (Zahlen, Daten, Fakten) strukturiert?	
Wurden Maßnahmen bei Abweichungen dokumentiert?	
Sind Entscheidungen seitens des Auftraggebers zu veranlassen?	
Haben Sie Empfehlungen zur Entscheidung formuliert? (Hilfestellung für den Auftraggeber)	
Wird auf die wichtigsten Dokumente verwiesen?	
Welche Botschaft über das Projekt lesen Sie, wenn Sie den Bericht als Unbeteiligter lesen würden? Entspricht diese Botschaft dem, was Sie sagen wollen?	

7.2 Meilensteinbericht im Organisationsprojekt (Eventmanagement)

Wir betrachten nun ein Projekt, welches am Ende der Planungsphase und damit an der Schwelle zur Umsetzung steht. Konkret handelt es sich um die Organisation und Durchführung einer Konferenz mit 2000 Teilnehmern. Der Auftraggeber ist ein Großkonzern, der als Startschuss zur Umsetzung seiner neuen Firmenstrategie alle Mitarbeiter eines Geschäftsbereiches zu einer zweitägigen Konferenz eingeladen hat.

Unser Projektleiter arbeitet für eine größere Firma, die sich auf diese Dienstleistung spezialisiert hat (so genanntes Eventmanagement). Sie organisiert rund 300 Großveranstaltungen im Jahr und führt die Abwicklung nach den Regeln des Projektmanagements durch. Die Firma arbeitet teilweise mit eigenen Ressourcen, die in erster Linie aber Akquisition, Kundenbetreuung, Planung, Einkauf und Organisation erledigen. Zur eigentlichen Durchführung verfügt sie über ein enormes Netzwerk erprobter Partnerfirmen, so dass ein breites Spektrum an Veranstaltungsarten schnell, zuverlässig und kostengünstig auf die Beine gestellt werden kann. Der Mehrwert des Kunden liegt im Zugang zu diesem Netzwerk von Dienstleistungspartnern aus einer Hand.

Der Projektleiter trägt die unternehmerische Verantwortung für das Projekt. Der Schlüssel zum finanziellen Erfolg liegt in der sorgfältigen Planung, Verhandlung und Beauftragung aller Leistungen mit den Partnerfirmen. Das vorliegende Projekt ist durchgeplant und kalkuliert, so dass der Projektleiter lediglich die Freigabe seines Managements benötigt, um den Startschuss zur Realisierung, d. h. zur Beauftragung der Partnerfirmen, geben zu können. Hier der Bericht zur Abnahme der Projektplanung.

Meilensteinabnahmebericht	
Datum: 03.11.2004	Verfasser: Paul Neumann
Projekt:	Strategiekonferenz „Zukunft 2020"
Veranstaltungsdatum:	22.-23.02.2010
Kunde:	Novosoft AG, Hamburg
Auftragsnummer:	A10122-R44
Meilenstein:	Planung/Auftrag
Freigabe der Phase:	Event-Vorbereitung

Auftrags-klärung/ Angebot	Planung/ Auftrag	Event-Vorbereitung	Event-Durch-führung	Projekt-abschluss/ Verrechnung

Projektteam

Projektleiter:	Paul Neumann, Tel. 33433
Projektkaufmann:	Peter Geiger, Tel. 34189
Projekteinkäuferin:	Sabine Fuchs, Tel.43571
Program Office:	Beate Müller, Tel. 92833

Projektkennzahlen

Geplante Projektdauer:	3.11.2009 bis 28.2.2010
Auftragswert:	420.000 €
Projektgesamtkosten:	337.000 €
davon intern	82.000 € (105 Mitarbeitertage)
davon extern	255.000 €
Bruttoergebnis:	**73.000 € (17% vom Umsatz)**
Bewertete Risiken:	22.000 €
Ergebnis inkl. Risiken:	**51.000 € (12% vom Umsatz)**

Checkliste zur Meilensteinfreigabe	✓
1. Vertrag	
Vertragsentwurf wurde vorverhandelt und vom Kunden akzeptiert.	
Ablauf und alle Leistungen sind vertraglich erfasst.	
Vorabzahlung von min. 20 % des Auftragswertes ist vereinbart.	
Vertragsentwurf wurde vom Projektkaufmann geprüft.	
2. Partnerfirmen	
Zu allen Leistungen liegen Angebote von mindestens zwei Lieferanten vor.	
Angebote wurden vom Einkauf geprüft und ausgewählt.	
3. Projektpläne	
a) Projektstrukturplan (Prüfung durch Program Office):	
Alle Lieferungen, Leistungen und Aktivitäten sind geplant und mit Aufwänden und Zeiten (s. Angebote) hinterlegt.	
b) Projektablaufplan (Prüfung durch Program Office):	
Für alle Aktivitäten wurden Termine geplant und von den Verantwortlichen bestätigt; das Projekt ist im Zeitrahmen durchführbar. Puffer und Kritischer Pfad wurden identifiziert.	
c) Kostenplan (Prüfung durch Projektkaufmann):	
Alle internen und externen Aufwände aus dem Projektstrukturplan wurden erfasst oder durch Angebote verifiziert.	
d) Zahlungsplan (Prüfung durch Projektkaufmann):	
Der Zahlungsplan wurde mit Zahlungszeitpunkten hinterlegt und vertraglich so festgelegt, dass die Vorleistung zu keinem Zeitpunkt mehr als 60 % vom Auftragswert beträgt.	
e) Risikoplan (Prüfung durch Projektteam):	
Eine Risikoanalyse wurde im Gesamtteam durchgeführt; die Risiken wurden bewertet, priorisiert und mit Maßnahmen hinterlegt; die Maßnahmen wurden bewertet und in die Projektpläne eingearbeitet.	

Freigabe

1. Vertragsfreigabe:

Der Vertrag wird seitens der Geschäftsführung freigegeben.

Ja: ☐　　　Ja, mit Auflagen: ☐　　　Nein: ☐

Maßnahmen/Auflagen:

2.) Projektfreigabe:

a) Das Projekt wird vorbehaltlich des Vertragsabschlusses mit dem Kunden zur Phase „Event-Vorbereitung" freigegeben.

Ja: ☐　　　Ja, mit Auflagen: ☐　　　Nein: ☐

Maßnahmen/Auflagen:

b) Der Projektleiter wird ermächtigt, Partnerfirmen und Lieferanten im geplanten Umfang zu beauftragen.

Ja: ☐　　　Ja, mit Auflagen: ☐　　　Nein: ☐

Maßnahmen/Auflagen:

Datum:

....　　　...

Dr. Hubert Meier (Geschäftsführer)　　　Sonia Peters (kfm. Leitung)

Bewertung und Wirkung des Berichtes

Der Übergang von der Projektplanungs- in die Projektrealisierungs-phase ist in diesem Beispiel wirtschaftlich von besonderer Bedeutung, da nun die vertraglichen Vereinbarungen geschlossen werden. Dies gilt sowohl für die Kundenseite als auch für die Unterauftragnehmer. Die Daten der Projektplanung dienen nun als Referenz für die Projektrealisierung.

In der Realisierungsphase gibt es dann in vielerlei Hinsicht kein Zurück mehr, denn die rechtliche Bindung von Verträgen und Aufträgen erlaubt Änderungen meist nur in sehr begrenztem Umfang. Jedes Versäumnis der Planungsphase kostet also in den meisten Fällen später Ressourcen und Geld. Je mehr Druck hierbei auf der Seite des Projektteams entsteht, umso teurer werden die Korrekturmaßnahmen. Dies gilt besonders für die kurzfristige Beauftragung externer Dienstleister, die zum einen oft ausgelastet sind und daher selbst erhöhte Kosten haben, zum anderen aber auch Notlagen ihrer Auftraggeber erkennen und mitunter schamlos ausnutzen.

Daher fokussiert der Bericht besonders auf die wirtschaftlich relevanten Fragen der Planungsphase. Er ist in drei Teile gegliedert: Die erste Seite gibt die wichtigsten Informationen zum Projekt, insbesondere zur Wirtschaftlichkeit auf dem aktuellen Stand der Planung. Die zweite Seite beinhaltet die Checkliste zum Meilensteinabschluss, und die dritte Seite die Freigabe mit eventuellen Maßnahmen.

- Ansprechend ist auf der ersten Seite die Visualisierung der Projektphasen nach der in der Firma gebräuchlichen Systematik. Die Phase, um die es geht, ist graphisch hervorgehoben, so dass auf den ersten Blick klar wird, wovon der Bericht handelt.
- Die Auflistung des an der Erstellung der Pläne beteiligten Teams ist für Rückfragen von Bedeutung und würdigt die Arbeit aller. Durch Referenzen auf die Projektbeteiligten („geprüft durch xy") wird ersichtlich, wer für welchen Teil gemeinsam mit dem Projektleiter verantwortlich ist.

Experten-Tipp:

Führen Sie Ihre Teammitglieder in Schlüsselpositionen im Bericht auf und setzen Sie im Bericht Referenzen.

- Schon auf der ersten Seite werden die finanziellen Daten des Projekts aufgeführt. Auf diese Stelle wird der Lenkungsausschuss besonders achten. Sehr gut ist die Aufführung der Risikobewertung, denn sie demonstriert Umsicht und Sorgfalt der Projektleitung. Vorbildlich: Die wichtigsten Projektdaten sind kurz und übersichtlich dargestellt.

- Auf der zweiten Seite werden die Schlüsselfragen hinsichtlich der Schnittstelle zum Kunden, zu den Partnern und in Bezug auf die Projektplanung aufgeworfen und beantwortet. Hierbei ist es wichtig, Kriterien anzugeben, die eine simple Ja-Nein-Frage mit Qualität hinterlegen.

Achtung:

Versuchen Sie immer, Ihre Aussagen mit messbaren Größen zu hinterlegen.

Als Anhang findet sich das Formular zur Freigabe, mit der der Lenkungsausschuss der Projektleitung das Budget überantwortet.

Checkliste	✓
Wird die Projektsystematik ersichtlich?	
Sind die Projektkennzahlen übersichtlich dargestellt?	
Werden die wichtigsten Teammitglieder erwähnt?	
Sind die Entscheidungskriterien für die Freigabe benannt?	

7.3 Phasenabnahme im Controlling-Projekt (Maschinenbau)

Die Firma „KLEINERT GmbH" hat sich dafür entschieden, das Projekt „Einführung und Implementierung eines Informations- und Management-Systems" durchzuführen. Als externer Dienstleister wurde die Firma Gamma beauftragt. Als Projektleiter wurde Herr Müller, Leiter der Abteilung Controlling, bestätigt.

Herr Müller und sein Team haben in einem ersten Schritt die detaillierte Zielsetzung, eine konkrete Risikoanalyse sowie weitere wichtige Rahmenbedingungen erarbeitet. Das Projekt wurde in folgende Phasen aufgeteilt:

Phase I.   Problemanalyse

Phase II.   Konzepterstellung

Phase III.   Detailplanung

Phase IV.   Umsetzung

Phase V.   Test/Einführung/Installation

Die Problemanalyse wurde abgeschlossen. Als nächstes wurde die Konzepterstellung durchgeführt. In einer Phasenabnahmebesprechung wird das Ergebnis in Form eines Phasenabnahmeberichts protokolliert. Dieser Bericht dokumentiert zweierlei:

- Die Überprüfung der durchgeführten Phase (Leistung/Qualität, Termin-, Kosten- und Ressourcensituation)
- Die Genehmigung der Folgephase

Die Phase „Konzepterstellung" wird von der Geschäftsführung als entscheidender Instanz (Projektauftraggeber) abgenommen.

Projekt: Informations- und Management-System (IMS)		Datum: 30. Mai 2010 Seite 1 von 2	
Phasen-Abnahmebericht		Ersteller: Herr Müller	
Phase: Konzepterstellung			
	Projektziele eingehalten	Phasenziel eingehalten	Anmerkungen/ Entscheidung
Leistung/Qualität	Ja	Ja	
Terminsituation	Ja	Nein	s. Erläuterung
Ressourcensituation	Ja	Ja	
Kostensituation	Ja	Ja	
Phase abgenommen: ja☑ nein☐		Begründung/Auflagen: – keine –	
Folgephase genehmigt: Ja ☑ Ja, mit Einschränkung ☐ Nein ☐			
Datum/Unterschrift Auftraggeber:		30.05.2010 / Geschäftsführung	
Datum/Unterschrift Projektleiter:		30.05.2010 / Herr Müller	

Projekt: Informations- und Management-System (IMS)		Datum: 30. Mai 2010 Seite 2 von 2	
Phasen-Abnahmebericht		Ersteller: Herr Müller	
Phase: Konzepterstellung			
	Projektziele eingehalten	Phasenziel eingehalten	Anmerkungen/ Entscheidung
Leistung/Qualität	Ja	Ja	
Terminsituation	Ja	Nein	s. Erläuterung
Ressourcensituation	Ja	Ja	
Kostensituation	Ja	Ja	
Erläuterung zu Abweichung Terminsituation: Die Konzeptphase dauerte eine Woche länger als geplant. Grund: Detailabstimmung des IMS-Konzeptes			

Bewertung und Wirkung des Phasenabnahmeberichts

Der Phasenabnahmebericht hat das Ziel, eine durchgeführte Phase abzuschließen und die folgende Projektphase freizugeben. Es wird geprüft, ob die Phasenziele bezüglich der Leistung, Termine, Ressourcen und Kosten erfüllt wurden oder nicht. Gemeinsam mit dem Projektauftraggeber wird die Phase nach erfolgreichem Abschluss abgenommen und die folgende Phase freigegeben.

Eventuelle Abweichungen werden dokumentiert. Gegebenenfalls kann die Phase erst abgeschlossen werden, wenn die Abweichungen behoben wurden. Dies muss dann im Einzelfall mit dem Auftraggeber entschieden werden.

Konkret fehlen in diesem Bericht die Ziele der Phase „Konzepterstellung". Welche Ziele müssen also erreicht sein und welche Ergebnisse werden nach Abschluss der Phase „Konzepterstellung" erwartet? Erst wenn dies festgelegt wurde, ist es auch möglich, die Erfüllung der Arbeitsergebnisse in dieser Phase zu überprüfen.

Die Erläuterung zur Terminabweichung ist zu unkonkret. Es fehlt die Aussage, wann genau (an welchem Termin) die Konzeptphase abgeschlossen wurde und welche terminliche Auswirkung diese Abweichung auf die Folgephasen hat.

Eine Phasenabnahme gibt Ihnen die Sicherheit, dass Sie in Ihrem Projekt auf dem richtigen Weg sind, bzw. lässt Sie rechtzeitig Fehlentwicklungen erkennen. Sie können bei Abweichungen frühzeitig in den Projektverlauf eingreifen und Korrekturmaßnahmen durchführen und so weitere Projektkosten einsparen.

Verbesserungs- und Ergänzungsvorschläge

* Legen Sie schon in der Projektplanung die Ziele der Phasen fest, und definieren Sie, welche Ergebnisse Sie in den jeweiligen Phasen erwarten: z. B. detailliertes Pflichtenheft, Kostenübersicht und dergl. Mit diesen Kriterien können Sie bewerten, ob die Phasenziele erreicht wurden oder nicht.

- Vereinbaren Sie in der Projektplanung mit Ihrem Projektteam und dem Auftraggeber feste Meilensteintermine für die Projektphasenabnahmen.
- Begründen Sie eine nicht abgenommene Phase und beschreiben Sie die daraus resultierenden Konsequenzen.
- Informieren Sie alle Projektbeteiligten über die Freigabe bzw. Nicht-Freigabe der Folgephase und legen Sie in Ihrem Abnahmebericht einen Verteiler fest.
- Beschreiben Sie konkret, welche Auswirkungen (hinsichtlich der Termine, Kosten und Qualität) die Abweichungen einer Phase auf die Folgephasen haben.

Checkliste	✓
Sind die Messkriterien (Ziele und erwartete Ergebnisse) pro Phase festgelegt, dokumentiert und allen Projektbeteiligten bekannt?	
Sind die Termine für die Phasenabnahmen festgelegt bzw. als Meilensteine fixiert?	
Wer überwacht die Phasenabnahmen bzw. -meilensteine?	
Sind alle Projektbeteiligten über die Freigabe bzw. Nichtfreigabe der Folgephase informiert?	
Sind die Auswirkungen von Abweichungen auf die Folgephasen bekannt und dokumentiert?	
Sind an den Phasenabnahmen Zahlungen an Externe geknüpft?	

7.4 Phasenabnahme im Messeprojekt (Schreibwarenbranche)

Die Firma „Schreibfix GmbH" hat den Projektvorschlag von Herrn Auter genehmigt und das Projekt freigegeben. Herr Auter wurde als Projektleiter bestätigt. Das Projekt befindet sich momentan in der Planung, die Konzeptphase wurde abgeschlossen. Die Detaillierungsphase wird diese Woche beendet. Um sicherzustellen, dass die

Planung rund ist, alles berücksichtigt wurde und auch die Finanzierung stimmt, hatte die Geschäftsführung Herrn Auter gebeten, einen Workshop durchzuführen, mit dem Ziel, die Planung zu genehmigen und die nächste Phase, die „Messevorbereitung", freizugeben.

Herr Auter lädt alle Projektbeteiligten und die Geschäftsführung zu einem „Phasen-Abnahme-Workshop" ein. Die folgende Agenda listet die Tagesordnungspunkte des Workshops auf:

Agenda: Projekt „Messeauftritt"

Phasen-Abnahme Detailplanung

Datum: 18.07.2010, 09.00-12.00 Uhr

Teilnehmer: Herr Auter, Projektteam, Geschäftsführung

Ort: Konferenzraum, A07

Nr.	TOP	Uhrzeit	Wer
1	Begrüßung	09.00-09.15	Geschäftsführung Hr. Weil
2	Projekt „Messeauftritt": Ziele und Projekt-Status	09.15-10.00	Hr. Auter
3	Phase Detailplanung: Ziele und erwartete Arbeitsergebnisse	10.00-10.15	Hr. Auter
4	Vorstellung Projektplan	10.15-10.30	Hr. Auter
5	Vorstellung Finanzierungsplan	10.30-10.45	Fr. Klein
6	Vorstellung Fein-Konzept	10.45-11.00	Fr. Renner
7	Abnahme-Phase „Detailplanung": Arbeitsergebnisse Offene Punkte? Abnahme-Phase „Detailplanung" Freigabe-Phase „Messevorbereitung"	11.00-11.45	Alle
8	Fazit. Wie geht es weiter?	11.45-12.00	Hr. Auter

Der Workshop wurde entsprechend durchgeführt. Herr Auter dokumentiert die Arbeitsergebnisse der Detailplanung im Phasenabnahmebericht.

Projekt: Messeauftritt bei der „Orga & Tech"		Datum: 19. Juli 2010 Seite 1 von 2		
Phasen-Abnahmebericht		Ersteller: Herr Auter		
Phase: Detailplanung				
Zu erwartende Arbeitsergebnisse: ☑ Projektplan wurde erstellt ☑ Finanzierungsplan ist erstellt ☑ Feinkonzept ist fertig				
	Projektziele eingehalten	Phasenziel eingehalten	Anmerkungen/ Entscheidung	
Leistung/ Qualität	Ja	Ja		
Terminsituation	Ja	Ja		
Ressourcen- situation	Ja	Ja		
Kostensituation	Nein	Ja	s. Begründung	
Phase abgenommen: ja☑ nein☐		Begründung/Auflagen: – keine –		
Folgephase genehmigt: Ja ☑ Ja, mit Einschränkung ☐ Nein ☐		Die Phase „Messevorbereitung" wird trotz Mehrkosten (s. Seite 2) freigegeben		
Datum/Unterschrift Auftraggeber:		17.07.2010 gez. Wichtig		
Datum/Unterschrift Projektleiter:		17.07.2010 gez. Auter		

Projekt: Messeauftritt bei der „Orga & Tech"	Datum: 19. Juli 2010 Seite 2 von 2	
Phasen-Abnahmebericht	Ersteller: Herr Auter	
Phase: Detailplanung		
	Projektziele eingehalten	Phasenziel eingehalten	Anmerkungen/ Entscheidung
Leistung/ Qualität	Ja	Ja	
Terminsituation	Ja	Ja	
Ressourcen- situation	Ja	Ja	
Kostensituation	Nein	Ja	s. Begründung
Erläuterung zu Abweichung Kosten: Die veranschlagten Kosten für den externen Dienstleister (Messebauer MESSE GmbH) können nicht eingehalten werden. Es werden voraussichtlich 10.000 € Mehrkosten anfallen (s. Anlage Projektkalkulation).		

Anlage: Projektkalkulation

Projektkalkulation			
Phasen	**Aufgaben**	**Geschätzte Dauer**	**Kosten**
Konzept- phase	• Zielkatalog festlegen • Projektorganisation festlegen • Wirtschaftlichkeitsbetrachtung erstellen • Projekt-Start-Workshop durch- führen • Grobkonzept erstellen	1 Monat	12.000 €
Detail- planung	• Projektplan erstellen • Finanzierungsplan erstellen • Feinkonzept erstellen	3 Monate	36.000 €

Messe-vorberei-tung	• Messeauftritt vorbereiten, ggf. mit Fachprogramm • Werbung • Einladung Kunden • Abstimmung mit Messebauer • Einteilung Standpersonal	2 Monate	24.000 €
Messe-durch-führung	• Messeaufbau • ggf. Fachprogramm • Messedurchführung • Messeabbau	1 Woche 10.10. bis 14.10.2005	12.000 € 25.000 € (Messe-bauer)
Messe-nachbe-reitung	• Auswertung, Nachkalkulation • Kunden, potenzielle Kunden nachbe-treuen • Abschlussbericht erstellen • Projektdokumentation archivieren	1 Monat	4.000 €
Summe		**8 Monate**	**113.000 €**

Bewertung und Wirkung des Phasenabnahmeberichts

Zum Abschluss der Phase „Detailplanung" bewerten der Projektlei-ter und sein Team in einem Workshop die Durchführung der Phase „Detailplanung" und die erarbeiteten Ergebnisse. Die Aufgabenstel-lung war, die Detailplanung des Projektes, einen Finanzierungsplan sowie ein Feinkonzept zu erstellen.

Der Abschluss einer Phase ist ein wichtiger Meilenstein in einem Projekt. Da wird entschieden, ob das Projekt weitergeführt, gestoppt oder überarbeitet werden muss. Aus diesem Grund ist es sinnvoll, eine Phasenabnahme immer gemeinsam mit dem Projektteam und dem Auftraggeber, in diesem Beispiel der Geschäftsführung, durch-zuführen. Der Abschluss einer Phase wird somit gemeinsam verab-schiedet und eventuelle Abweichungen oder Fehler können relativ schnell erkannt und aus der Welt geschaffen werden. Der Projektlei-ter fasst die Arbeitsergebnisse dann zu einem Phasenabnahme-Bericht zusammen. Eine Begründung, warum der Messebauer um 10.000 € teurer ist, hat der Projektleiter allerdings nicht geliefert bzw. nicht im Bericht dokumentiert. Dies ist aber wichtig, um späte-re Fragestellungen zu beantworten und eine aussagefähige Projektauswertung durchzuführen. Mit dem Phasenabnahmebericht ist die Abnahme der „Detailplanung" dokumentiert und die nächste Phase „Messevorbereitung" wird freigegeben.

Achtung:

Gerade die Genehmigung der Planung ist ein sehr wichtiger Punkt im Projekt. Hier können eventuelle Fehler noch relativ kostengünstig korrigiert werden. Außerdem stellen Sie sicher, dass Sie mit Ihrem Projektplan auf dem richtigen Weg sind.

Verbesserungs- und Ergänzungsvorschläge

- Listen Sie im Phasenabnahmebericht auf, welche Arbeitsergebnisse in dieser Phase erledigt wurden. Die zu erwartenden Arbeitsergebnisse leiten sich aus dem Phasenplan ab.
- Achten Sie nicht nur auf die Quantität der Arbeitsergebnisse (Vollständigkeit) sondern auch auf die Qualität.
- Dokumentieren Sie die Abweichungen innerhalb einer Phase in Form eines Änderungsberichts.
- Begründen Sie die Abweichungen und Änderungen.
- Informieren Sie alle Projektbeteiligten über die Freigabe bzw. Nichtfreigabe der Folgephase. Legen Sie sämtliche Anlagen (Projektplan, Finanzierungsplan usw.) dem Abnahmebericht bei, bzw. legen Sie ein zentrales Projektdatenbankverzeichnis fest und archivieren Sie dort alle Projektinformationen.

Checkliste	✓
Ist klar, welche Arbeitsergebnisse nach Ende der Phase erwartet werden?	
Wurden Abweichungen innerhalb der Phase als Änderungsbericht dokumentiert?	
Wurden eventuelle Abweichungen/Änderungen in der Phase begründet?	
Was passiert, wenn die Phase nicht abgenommen wird?	
Sind alle Projektbeteiligten über die Freigabe bzw. Nichtfreigabe der Folgephase informiert?	

7.5 Sofortbericht im Organisationsprojekt (Unternehmensberatung)

Das folgende Beispiel führt in eine Unternehmensberatung. Das Projekt hat die Entwicklung und Umsetzung einer Geschäftsstrategie für ein mittelständisches Unternehmen zum Ziel.

Dieses Projekt befindet sich gerade in der Planungsphase, in der alle Lieferungen und Leistungen im Detail mit Ressourcen und Aufwänden hinterlegt werden. Die Planung ist so gut wie abgeschlossen, alle internen und externen Berater stehen bereit, und auch die Aufwände für Material und die Organisation von Veranstaltungen sind geplant – alles ist fertig.

Lediglich die Unterzeichnung des Auftrages hat sich durch buchhalterische Feinheiten auf Kundenseite noch etwas verzögert, aber sie liegt in greifbarer Nähe. Da erreicht den Projektleiter die Nachricht, dass der Kunde zusätzlich zu den eingeplanten Beratern auf eine weitere, bis dato unbekannte Beraterfirma besteht, die als Unterauftragnehmer einbezogen werden soll. Aus den ersten Gesprächen mit dieser Firma wird schnell ersichtlich, dass sie vor allem deutlich teurer ist als die eigenen Berater. Dadurch hat sich die Ergebnissituation des Projekts deutlich verschlechtert. Noch ist Zeit zum Verhandeln mit dem Kunden, aber das Risiko, den Auftrag zu verlieren, möchte der Projektleiter nicht alleine tragen. Daher eskaliert er an seinen Lenkungsausschuss.

Von: Trautmann, Paul

Gesendet: Montag, 17. Mai 2009 17:12

An: Sauer, Karl

Cc: Meyer, Erika; Peters, Evelyn

Betreff: Änderung der Ertragsbasis beim Projekt SAMBA

Wichtigkeit: Hoch

Sehr geehrter Herr Dr. Sauer,

sehr geehrte Frau Meyer,

sehr geehrte Frau Peters,

aufgrund einer neuen Kundenanforderung im oben genannten Projekt SAMBA (Kunde: Müller GmbH) hat sich die Ertragslage stark verschlechtert. Außerdem ergeben sich neue Risiken, die ich im persönlichen Gespräch mit Ihnen erörtern möchte, um gemeinsam Entscheidungen bezüglich der weiteren Vorgehensweise zu treffen.

Status: Wir haben alle Lieferungen und Leistungen im Detail geplant. Sämtliche Verfahren und Workshops wurden in Kooperation mit dem Kunden konzipiert.

Der Kunde zeigt sich vom Status sehr zufrieden und hat die Auftragserteilung für den 24.5. in Aussicht gestellt. Jedoch hat er nun, praktisch in letzte Minute, gefordert, dass ein neuer externer Partner von uns einbezogen wird. In den ersten Verhandlungen mit dem Partner wurden Honorarforderungen genannt, die etwa das Doppelte unserer anderen Partner betragen, was die Wirtschaftlichkeit des Projektes in Frage stellt. Anbei finden Sie den geänderten Projektsteckbrief, aus dem die Daten hervorgehen.

Ich bitte dringend um einen Termin mit Ihnen, um die Vorgehensweise abzustimmen.

Viele Grüße

Paul Trautmann

Projektsteckbrief	
Projektname/ -kennung:	SAMBA/P2004-17
Projektinhalt:	Entwicklung und Umsetzung der Firmenstrategie
Kunde/Auftraggeber:	Müller GmbH, Köln
Ansprechpartner beim Kunden:	Dr. Erhard Müller (Geschäftsführer)
Angebotsnummer:	R12119-0404-15
Vertragsnummer:	R12119-Mü-003
SAP Auftragsnummer:	D3993A29220-B12199
Datum der Projekteröffnung:	03.05.2009
Datum d. Auftragseinganges:	10.05.09 Voraussichtlich 24.5.2009
Auftragswert:	380.000 €
Projektgesamtkosten:	298.000 € neu: 356.000 €
davon	
• Personalkosten intern:	190.000 €
• Personalkosten extern:	72.000 € neu: 130.000 €
• Veranstaltungskosten:	36.000 €
Zahlungsbedingungen:	Festpreis nach Projektfortschritt
	Zusatzleistungen nach Aufwand
Projektumfang, Meilensteine	Meilensteine, Termin (geschätzter Aufwand in Mitarbeitertagen)
	Entwicklung der Firmenstrategie, 30. Juni 2009 (55 MT)
	Umsetzungsworkshops in den Fachabteilungen, 16. August 2009 (49 MT)
	Erstellung des strategischen Geschäftsplanes, 23. September 2009 (42 MT)
	Workshops zur Weiterentwicklung der Firmenkultur, 13. Oktober 2009 (35 MT)
	Entwicklung von Verfahren zur Erfolgsmessung, 29. Oktober 2009 (35 MT)

Lenkungsausschuss:	Herr Dr. Karl Sauer (Leiter Vertrieb)
	Frau Erika Meyer (Leiterin Marketing)
	Frau Dr. Evelyn Peters (Key Account Manager)
Projektleiter:	Herr Paul Trautmann, Tel. (intern) 2321
Projektkaufmann (Vertreter des Projektleiters)	Herr Peter Schuhmann, Tel. (intern) 2522
Interne Projektmitarbeiter /-innen:	Herr Franz Schürer, Tel. (intern) 2232
	Herr James Scannell, Tel. (intern) 2341
	Frau Martha Fleming, Tel. (intern) 2233
Externe Partner	CONSULT KG, Paderborn
	neu: PZZ-Consulting, Herford

Bewertung und Wirkung des Berichtes

Das Projekt befindet sich in einer prekären Lage. In letzter Sekunde vor der Erteilung des Auftrags werden die Bedingungen für das Projekt vom Kunden verändert, indem das Einbeziehen einer unbekannten Beraterfirma gefordert wird. Der Projektleiter wird also in das Dilemma gestürzt, entweder erhebliche Risiken und Nachteile für sein Projekt in Kauf zu nehmen oder den Auftrag zu verlieren. Da das Beratungsgeschäft von der Kompetenz und der Persönlichkeit der Berater lebt, ist das Einbeziehen von unbekannten Beratern höchst riskant. Außerdem besteht finanziell wenig Verhandlungsspielraum, so dass das Projekt auf der Kippe steht.

- Der Projektleiter reagiert richtig, indem er dem Lenkungsausschuss diese Botschaft zeitnah und ohne viel Aufwand für die Berichtsform zukommen lässt.
- Der Projektsteckbrief eignet sich hierfür bestens, da das Format alle wichtigen Daten bereits enthält. Die veralteten Daten werden einfach durchgestrichen und die neuen fett eingetragen. Dadurch wird eine Visualisierung erreicht, die den Vorgang schnell verständlich macht. Nutzen Sie also nach Möglichkeit vorhandene Berichtsformate und Dokumente, um wenig Zeit zur Aufarbei-

tung zu verschwenden. Ein bekanntes Format hat überdies hohen Wiedererkennungswert, so dass nur Änderungen betrachtet werden. Die zentralen Botschaften können so möglichst einfach transportiert werden.

> **Achtung:**
> Achten Sie bei Eskalationen unbedingt darauf, dass der Grund für Ihre Eskalation im Mittelpunkt des Berichtes steht und klar erkennbar ist!

- Die Ergebnissituation wird hinlänglich gut beleuchtet; der Einbruch im zu erwartenden Projektergebnis und das Infragestellen der Wirtschaftlichkeit sind klar ersichtlich.
- Zu verbessern wäre die Darstellung der Risikosituation, die das Projekt auch in seiner Durchführbarkeit in Frage stellt. Dieser Punkt geht im Text des Anschreibens etwas unter.

Die folgende Checkliste enthält die Kernpunkte der Eskalation:

Checkliste	✓
Ist die Eskalation in einfachen, klaren Botschaften?	
Was ist der Grund für die Eskalation?	
Welche Änderung hat sich ergeben?	
Was ist die Auswirkung der Änderung?	
Vorschlag der Projektleitung zur Vorgehensweise.	
Was müssen die Entscheider tun?	
Was passiert, wenn nichts getan wird?	

7.6 Änderungsbericht in der Produktentwicklung (Versicherung)

Die Planungsphase des Projektes „Extremely" hat begonnen. Der Projektleiter hat in einem Statusbericht die „Planungssituation" dargestellt. Es hat sich schon zu Beginn der Planung herausgestellt, dass die Zielgruppenanalyse erweitert werden muss. Dies hat voraussichtlich Auswirkungen auf die Projektkosten, die Leistung und Qualität des Produktes sowie die Terminsituation.

Der Projektleiter sendet ein kurzes Memo an den Vorstand, um eine Genehmigung der Änderung zu erwirken.

Memo

01. April 2010

An: den Vorstand

Von: Herrn Peters, Tel.-Nr. -4711

Betrifft: Projekt „Extremely", Zielgruppenanalyse

Sehr geehrte Damen und Herren,

kaum sind wir in der Planungsphase, befindet sich unser Projekt voraussichtlich schon in den roten Zahlen. Die Zielgruppenanalyse ist meines Erachtens nicht konkret genug, wir sollten auf alle Fälle auch die „modernen Senioren" in die Zielgruppe mit aufnehmen. Da, denke ich, haben wir noch ein großes Potenzial, das wir bislang nicht berücksichtigt haben. Ich bitte um Ihre Entscheidung bis 03. April 2010.

Mit freundlichen Grüßen

Wolfgang Peters

Bewertung und Wirkung des Memos

Ein Beispiel, wie man es nicht machen sollte. Schon der erste Satz kann zu einer „Panikreaktion" seitens des Vorstands führen. Der Projektleiter hat, was positiv ist, eine weitere Zielgruppe „entdeckt", die offensichtlich im Vorprojekt nicht berücksichtigt wurde. Um seinen Vorschlag aufzugreifen und eine Entscheidung zu treffen, fehlen dem Vorstand aber noch viele Informationen. Welche Auswirkungen hat die Aufnahme einer neuen Zielgruppe für das Produkt? Welche weiteren Kosten werden anfallen? Um welche Komponenten muss das Produkt erweitert werden? Kann der Projekttermin dann noch eingehalten werden? Der Projektleiter hat also seinen Änderungswunsch nicht gut „verkauft".

Der Vorstand bittet ihn, einen Änderungsantrag/-bericht zu formulieren, in dem er die Maßnahmen und die Auswirkungen auf das Projekt beschreibt. Erst danach soll eine Entscheidung getroffen werden.

Verbesserungs- und Ergänzungsvorschläge

- Eine Änderung bzw. ein Änderungsvorschlag sollte nicht in Form eines Memos erstellt werden.
- Ein Änderungsvorschlag sollte immer die möglichen Auswirkungen auf das Projekt aufzeigen
- Änderungen und ihre Auswirkungen sollten nüchtern und realistisch dargestellt werden. Vermeiden Sie auf jeden Fall „Panikmache".

Auf Wunsch des Vorstands erstellt der Projektleiter folgenden Änderungsantrag/-bericht:

Projekt: Extremely	Datum: 02.04.2010
Kurzbezeichnung der Änderung: Analyse und Aufnahme einer neuen Zielgruppe „Moderne Senioren"	
Betroffener Teil des Projektes (TP, AP usw.) Modul „Zielgruppen"	PSP-Code: 2.0
Beschreibung der Änderung: Es ist eine weitere Zielgruppe für unser Produkt aufzunehmen: die „aktiven Senioren". Diese neue Zielgruppe soll analysiert werden, anschließend soll entschieden werden, ob diese neue Zielgruppe in unser Produkt aufzunehmen ist.	

Begründung der Änderung (Notwendigkeit):
Es besteht ein hohes Potenzial im Markt. Die „aktiven Senioren" sind risikobereit. Ernähren sich gesund, sind fit, sportbegeistert und haben eine längere Lebenserwartung. „Moderate Extremsportarten" finden seitens der Senioren immer mehr an Interesse. Unser neues Produkt würde in dieser Zielgruppe hohe Beachtung finden und könnte damit einen hohen Gewinn erreichen. Dies wäre in der Zielgruppenanalyse zu eruieren.
Auswirkungen auf das Projekt (Termine, Kosten, Leistung):
Da die weitere Planung von dieser Änderung abhängig ist, verschiebt sich das Planungsende um 2 Wochen. Die zusätzlichen Kosten betragen für den Aufwand der zusätzlichen Analyse: 50.000 Euro Mehrkosten. Unser neues Versicherungspaket erweitert sich um das Modul „aktive Senioren".
Zu ändernde Unterlagen:
Projektplanung, Zielgruppenkonzept
Welche Maßnahmen sind zu treffen?
Durchführung Zielgruppenanalyse „aktive Senioren". Entscheidung über Aufnahme dieser Zielgruppe in unser neues Versicherungspaket.
Geplanter Änderungsstart: 05.04.2010
Sonstiges:

Antragsteller:	Datum, Unterschrift:
Wolfgang Peters	02.04.2010
	gez. Peters

Bewertung und Wirkung des Änderungsantrages/ -berichts

Dieser Bericht zeigt gut auf, um welche Änderung es geht, welche Maßnahmen umzusetzen sind und welche Auswirkungen diese Änderung auf den weiteren Projektverlauf hat. Der Vorstand hat mit diesen Informationen mehr in der Hand und kann auf dieser Basis eine objektivere Entscheidung treffen.

Checkliste	✓
Ist die Änderung konkret formuliert?	
Wurden die Auswirkungen durch die Änderung ausreichend erkannt und dokumentiert?	
Welche Dokumente sind zusätzlich zu verändern?	
Wer muss über die Änderung informiert werden?	
Wer soll die Änderung durchführen?	
War die Durchführung dieser Änderungsmaßnahme erfolgreich?	
Wer kontrolliert das Ergebnis der durchgeführten Änderung?	

8 Berichte für die Realisierungsphase

8.1 Statusbericht in der Produktentwicklung (Konsumgüter)

Ein mittelständischer Hersteller von Haushaltsgeräten hat aufgrund seiner großen Produktpalette sehr viele Entwicklungsprojekte, die ungeachtet ihrer unterschiedlichen Inhalte aber immer wieder ähnlichen Abläufen folgen. Daher wurden die Richtlinien für den Projektablauf in einem Projekthandbuch standardisiert, welches unter anderem die Meilensteine und das Berichtsformat an die Bereichsleitung fest vorgeben.

Im Beispielprojekt wird eine neuen Generation von Waschmaschinen – „Wash 99" – entwickelt. Das beinhaltet alle Aktivitäten von der Produktidee bis zur Serienreife. Der Projektleiter verantwortet die zeit- und budgetgerechte Einführung. Sein Team besteht aus Spezialisten aus Entwicklung, Fertigung und Qualitätssicherung.

Das Projekt steht vor der Freigabe der einzelnen Baugruppen und Komponenten zur Entwicklung bzw. Beschaffung. In dieser Phase werden alle rund 200 Baugruppen und Einzelteile des Systems, also z. B. die Elektronik mit der dazugehörigen Software, und alle elektrischen und mechanischen Komponenten ausgelegt. Hierbei sind viele Entscheidungen zu treffen, die die Funktionalität, die Zuverlässigkeit und die Kostenstruktur des Endgerätes beeinflussen. Zusätzlich kommen von der Marketingseite ständig neue Anforderungen, obwohl die Spezifikation mit allen Leistungsmerkmalen eigentlich schon eingefroren ist. Daher hat es mehrere Verzögerungen gegeben, so dass der Projektbericht Wege aus der Projektschieflage beschreibt.

Statusbericht Projekt „Wash 99"	Projektstatus:
Berichtsdatum: 2. Mai 2005 Berichtszeitraum: April 2005 Projektleiter: Paul Reuther, Tel. intern 1211 Abteilung: WM R&D 1	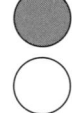

Überblick:

✓	• Systemauslegung fertiggestellt
✓	• Entwicklungsfreigabe der mechanischen Komponenten er-folgt
💣	• Entwicklungsfreigabe der Elektronik wegen neuer Systeman-forderungen gestoppt
ᘒᒣ	• Kostenziel durch Neukonzeption der Elektronik gefährdet

Gesamtsituation und weitere Vorgehensweise:

Die Auslegung des Systems und seiner Komponenten erfolgte plan-mäßig gemäß der im Dezember 2004 freigegebenen Systemspezifika-tion. Durch mehrmalige Änderung der Systemanforderungen konnten die Komponenten nicht zur Entwicklung freigegeben werden. Dadurch verschieben sich die Meilensteine W4 und folgende (s. MTA) wie be-reits mehrfach berichtet.

Der Projektleitung wurde vom Marketing am 22. April eine neue An-forderungsliste (Version 4.05) übergeben. Damit wurde die System-spezifikation erneut geändert. Da die neuen Anforderungen nur die Bedieneroberfläche und damit die Elektronik betreffen, konnten die mechanischen Komponenten nun endgültig freigegeben werden.

Die Anforderungsanalyse und die entsprechenden Änderungen der Spezifikationen werden zwei Wochen dauern, so dass mit einer Frei-gabe der Elektronik am 15.05. zu rechnen ist. Dadurch fallen die Mei-lensteine W5-1 und W5-2 zusammen.

Legende:

✓	im Plan
ᘒᒣ	im Review
💣	Fortschritt blockiert

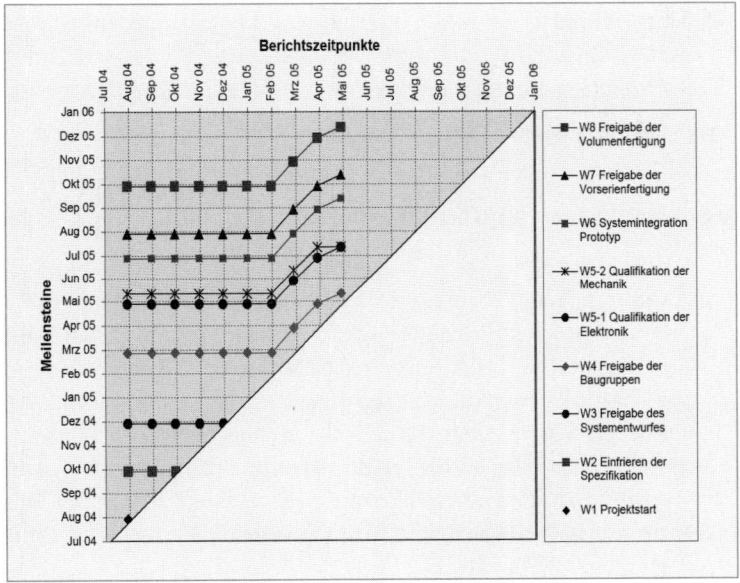

Abb. 15: Meilensteintrendanalyse (MTA)

Bewertung und Wirkung des Berichtes

Da es sich um einen Bericht an die Bereichsleitung handelt, hat sich der Projektleiter inhaltlich auf den kritischen Punkt im Projektverlauf konzentriert, nämlich die immer wieder geänderte Spezifikation für das System. Folgende Punkte unterstützen seine Argumentation:

- Die Visualisierung unterstützt die Kernaussagen, denn zum einen wird der Status des Gesamtprojektes (Ampel auf gelb) dargestellt. Außerdem werden die Kernpunkte sichtbar in drei Kategorien („im Plan", „im Review" „Fortschritt blockiert") eingeordnet, was dem schnellen Verständnis dienlich ist und als Blickfang fungiert. Die Legende hilft, die Symbole besser zu verstehen.
- Die Länge des Berichtes und die Detailtiefe sind dem Empfängerkreis angemessen. Schließlich erhalten die Entscheider viele einzelne Berichte und sind mit zu hoher Datenfülle schlicht überfordert.

149

- Sehr hilfreich ist die angehängte Meilensteintrendanalyse (MTA), die die Auswirkungen der sich immer wieder ändernden Spezifikation auf den Zeitplan des Projektes gut vor Augen führt.

Insgesamt wird also der Projektstatus kurz und prägnant berichtet.

Verbesserungs- und Ergänzungsvorschläge

- Inhaltlich zeigt der Verlauf der Meilensteintrendanalyse ein Krisenprojekt: Seit Februar, also bereits seit drei Monaten, wurde kein wesentlicher Projektfortschritt erzielt, wie am 45°-Winkel aller folgenden Meilensteine abgelesen werden kann. Insofern wirkt die Erklärung im Text recht lapidar und beschreibt im Wesentlichen Vergangenes. Es scheint, als mache es sich der Projektleiter zu leicht, indem er die Verantwortung pauschal dem Marketing zuschiebt. Die Nennung von Schlüsselaktivitäten mit Termin und Verantwortung stellt in einer solch ernsthaften Situation mehr Glaubwürdigkeit her.

> **Experten-Tipp:**
> Geben Sie in schwierigen Projektsituationen mit dem Status einen Aktionsplan ab (Schlüsselaktivitäten, Termine und Verantwortung), um Glaubwürdigkeit in Bezug auf Ihre Vorgehensweise herzustellen.

- Es bleibt offen, ob dieser Bericht in den Augen des Entscheiders der Eskalation dient und ob er handeln muss. Dem Entscheider muss anhand des Textes die Vorgehensweise des Projektleiters klar werden, und ob er gegebenenfalls eingreifen soll. Dies geschieht durch die Angabe von Entscheidungspunkten und kritischen Terminen. Achten Sie also darauf, was für den Leser relevante Schlussfolgerungen aus dem Bericht sind, und dass er in das Geschehen einbezogen wird.
- Die Kostensituation wird nur erwähnt, aber nicht ausgeführt. Dadurch wird, ähnlich wie bei der Terminsituation, eher Unsicherheit demonstriert. Der Entscheider wird herauslesen, dass sich der Projektleiter einen Freibrief zur Budgetüberschreitung abholen will. Daher sind alle Punkte aus der Übersicht zu erläutern. Erklären Sie immer *alle* Punkte der Zusammenfassung im Text.

- Bei der Meilensteintrendanalyse ist es eine sehr ungewöhnliche Darstellung, dass die Meilensteine W5-1 und W5-2 zeitlich ineinander laufen können. Das bedeutet, dass sie entweder keine logische Abhängigkeit voneinander haben (da eine Bearbeitungszeit von null Tagen zwischen zwei Meilensteinen nicht realisierbar ist) oder dass sie denselben Inhalt realisieren und damit redundant sind. In diesem Beispiel sind W5-1 und W5-2 logisch voneinander unabhängig: Der eine bezeichnet die Qualifikation der elektrischen, der andere die Qualifikation der mechanischen Komponenten. Keiner der beiden macht ohne den anderen Sinn, da das System nicht integriert werden kann. Es wäre transparenter und im Sinne der Lesbarkeit der MTA richtig, beide in einem Meilenstein W5 zusammenzufassen.

Checkliste	✓
Passen Text und Grafiken (MTA, Ampel etc.) von der Kernaussage her zusammen?	
Werden alle wesentlichen Punkte im Text erläutert?	
Wird bei kritischen Aktivitäten ein Aktionsplan gegeben?	
Inwieweit fordert der Bericht den Leser zum Handeln auf?	
Sind verwendete Symbole entweder selbsterklärend oder mit einer Legende erklärt?	

8.2 Tagesbericht im Bauprojekt (Straßenbau)

Das folgende Beispiel handelt von einem Straßenbauprojekt. Hier berichtet der Baustellenverantwortliche an die Projektleitung oder das Projektbüro der eigenen Firma. Die Firma ist eine unter vielen in diesem Projekt, daher berichtet das Projektbüro wiederum an die vom Kunden eingesetzte Oberbauleitung.

Diese Berichterstattung geschieht aus zwei Gründen täglich:

- Zum einen sind die Abläufe zeitlich sehr eng geplant und erfordern ein perfektes Zusammenspiel der verschiedenen eingesetzten Firmen. Daher muss jede Firma täglich an die Oberbauleitung berichten, die die Einsatzpläne entsprechend dem Baufortschritt anpasst.

- Zum zweiten dienen die Tagesberichte jeweils als Zwischenabnahme von Lieferungen und Leistungen, und damit sind sie die Grundlage für die Rechnungsstellung. Daher werden sie auch jeweils vom Kunden oder dessen Vertreter auf der Baustelle gegengezeichnet.

Baustellenbericht

– Tages-/Wocheneinsatzbericht –

Projekt: Umgehung Neuburg Projektleiter: P. Meyer Telefon: 74777	Baustelle: Donaubrücke Baustellenleiter: M. Zellner Telefon: 34328	Datum: 10. September 2009 Verfasser: U. Müller Telefon: 74788

Personaleinsatz

Wetter	Tag	Polier	Facharbeiter	Maschinen- personal	Hilfs- arbeiter
	Montag				
	Dienstag				
	Mittwoch				
	Donnerstag				
trocken	Freitag	Neuberger	Paulsen, Berger	Uhlmann, Johnson	Ohlmüller, Becker
	Samstag				
	Sonntag				

Maschineneinsatz / Fahrzeugeinsatz

Nr.	Typ	Eigen/ Fremd	Kennzeichen	Typ	Eigen/ Fremd
1	Kran Liebherr	E	N-NA2322	Straßenwalze	F
2	Leichte Maschi- nen		NB-H245	Kipper	E
			NB-R3433	Bagger Komatsu	E
			NB-R212	Caterpillar	E

153

Leistungsübersicht

Datum	PSP-Element	Kurzbeschreibung vertraglicher Leistungen	Menge	Einheit
10.9.09	X2391-12	Aushub Bauabschnitt 2391	380	cbm
10.9.09	X2391-13	Abtransport Abraum von Halde	550	cbm
10.9.09	X2391-16	Verdichtung Unterbau	2400	m^2
10.9.09	S1011-11	Fahrspurverengung B12 Bauabschnitt 1011	6	Mann-Stunden
10.9.09	S1011-12	Änderung der Fahrbahn-markierung	2	Mann-stunden
10.9.09	S1011-12	Material lt. Anlage	360	€
10.9.09	S1011-13	Abriss Asphaltdecke	12	Mann-stunden
10.9.09	S1011-14	Abtransport Asphalt	12	cbm
10.9.09	S1011-99	Deponiekosten	120	€

Außervertragliche Leistungen

Datum	PSP-Element	Kurzbeschreibung	Menge	Einheit
10.9.09	S1011-XX	Freiräumen der Fahrbahn von Schutt in Abschnitt 1011	2	Mann-stunden

Änderungen

Behinderungen und Verstöße gegen ver-traglich vereinbarte Lieferungen, Leistungen und Bedingungen (Wer? Was? Wann?)	Anordnungen der Oberbauleitung oder des Auftraggebers
Verzögerung der Arbeiten am Abschnitt 1011 durch parkende Fahrzeuge und Bauschutt. Bautrupp 2 h blockiert/ 6 Mannstunden; 10.9.00 7-9 Uhr; Verursacher: Firma Neumayer	
Erstellt: gez. Müller Geprüft: gez. Meyer Datum: 10.09.09	Geprüft durch Kunden: Datum:

Bewertung und Wirkung des Berichtes

Dieser Bericht wird durch die Unterschrift des Kunden zum Dokument, auf dessen Basis Rechnungen geschrieben und beglichen werden.

- Die erste Seite beinhaltet die eingesetzten Ressourcen und damit die Kostenseite des Projekts. Diese ergeben sich aus dem eingesetzten Personal und den Maschinen bzw. Fahrzeugen. Beide können sowohl intern als auch extern sein.
- Die zweite Seite beinhaltet hingegen die erbrachten Leistungen unter Verweis auf die Elemente des Projektstrukturplanes.
- Besonderes Augenmerk ist auf außervertragliche Leistungen zu legen. Diese würden, wenn sie nicht explizit aufgeführt und gegengezeichnet werden, als Gefälligkeit vom Kunden gerne entgegengenommen, aber nicht bezahlt werden. Mit anderen Worten: Die eigene Firma bliebe auf den Kosten sitzen.
- Gleiches gilt für Verstöße gegen vertraglich vereinbarte Lieferungen, Leistungen oder Bedingungen seitens des Kunden oder seiner anderen Vertragspartner. Ein Beispiel wäre die Behinderung der Baustellenzufahrt, so dass der Auftrag nicht fristgerecht erfüllt werden kann und teure Überstunden bezahlt werden müssen. Diese so genannten Claimfälle müssen zeitnah erfasst und gegengezeichnet werden, damit Ansprüche geltend gemacht werden können. Dasselbe gilt für Änderungen, die auf Wunsch des Kunden geschehen (Change Orders).

Checkliste	✓
Wird die Informationsbasis für die Rechnungsstellung an den Kunden geliefert?	
Können auf der Basis dieser Berichte Rechnungen eigener Lieferanten beglichen werden?	
Ist der Bericht übersichtlich, einfach auszufüllen und selbsterklärend?	

8.3 Monatsbericht im Messeprojekt (Schreibwarenbranche)

Das Projekt „Messeauftritt bei der Orga & Tech" der Firma Schreib-fix GmbH ist mitten in der Realisierungsphase. Die Messevorbereitung läuft auf vollen Touren. Mittlerweile ist ein Monat vergangen und die Geschäftsführung möchte von Herrn Auter eine kurze Zusammenfassung über den Projektstand erhalten.

Herr Auter überprüft die bisherigen Arbeitsergebnisse und den Status des Projektes und fasst diese in einem Monatsbericht zusammen.

Projekt: Messeauftritt bei der „Orga & Tech"	Datum: 01. September 2010 Seite 1 von 1
Monatsbericht	Zeitraum: 01.08.–31.08.2010
Ersteller: Herr Auter	
Verteiler: Geschäftsführung, Projektteam	
Terminsituation:	
Die Messevorbereitung ist terminlich voll im Plan. Bisher sind keine Terminabweichungen zu befürchten.	
Plan-Ist-Vergleich Termine-Aufwand-Kosten:	
Termin: im Plan	
Aufwand: im Plan	
Kosten: im Plan	
Durchgeführte Aktivitäten in diesem Zeitraum:	
• Messeauftritt vorbereiten	
• Entscheidung, ein Fachprogramm durchzuführen	
• Start der Werbeaktion	
• Start der Kundeneinladungen	
• Abstimmung mit dem Messebauer	
Abweichungsanalyse:	
Keine Abweichungen	

Trendaussagen:

Termine, Aufwand und Kosten werden gem. Projektplan eingehalten.

Aktivitäten im nächsten Berichtszeitraum:

- Fachprogramm festlegen
- Werbeaktion abschließen
- Restliche Einladungen an Kunden versenden
- Letzte Abstimmungen mit dem Messebauer durchführen
- Standpersonal einteilen

Bewertung und Wirkung des Monatsberichts

Offensichtlich ist im Zeitraum August im Projekt alles nach Plan verlaufen. Bezüglich der Termin-, Aufwands- und Kostensituation sind momentan keine Abweichungen zu befürchten.

Schön wäre es gewesen, wenn der Projektleiter den aktuellen Projektdaten die ursprünglich geplanten Projektdaten gegenübergestellt hätte. Zahlen, Daten und Fakten prägen sich einfach besser ein als Prosa. Auch wäre es schön gewesen, wenn der Projektleiter kurz beschrieben hätte, wie die Aktivitäten umgesetzt wurden, wie die Gespräche mit dem Messebauer verlaufen sind usw. Diese Informationen geben der Geschäftsführung zusätzlich ein kleines Stimmungsbild über das Projekt.

Die Termin- und Kostensituation hätte der Projektleiter auch in Form eines Projektplanes darstellen und dem Monatsbericht als Anlage beifügen können. Auch hier ist eine graphische Darstellung oftmals übersichtlicher und ergänzt die Aussagen im Monatsbericht.

Ansonsten soll der Monatsbericht kurz und prägnant die momentane Projektsituation darstellen. Gerade bei länger laufenden Projekten ist es sinnvoll, zusätzlich zu einem Statusbericht, der ja meist in kürzeren Zeitabständen erstellt wird, regelmäßig über die Projektsituation zu berichten. Dies kann in Form eines Monats- oder Quartalsberichts geschehen. Wichtig ist hierbei, die Projektsituation kurz und prägnant darzustellen.

Experten-Tipp:

Der Monatsbericht spiegelt die momentane Situation des Projektes wider. Versuchen Sie, sich im Bericht kurz zu fassen und die wichtigsten Informationen auf einer Seite darzustellen. Nehmen Sie dabei auch Trendaussagen mit auf und fügen Sie Anlagen, wie Projektplan, Kostenplan etc., bei.

Verbesserungs- und Ergänzungsvorschläge

- Zeigen Sie im Bericht auf, in welcher Phase Sie sich momentan befinden.
- Bringen Sie immer wieder die geplanten Daten in Erinnerung: Plan-Ende-Termin, Plan-Kosten, Plan-Aufwand und stellen Sie diese in Vergleich zu den Ist-Daten.
- Zeigen Sie den Trend Ihres Projektes auf: Voraussichtlicher Projekt-Ende-Termin, voraussichtliche Kosten, voraussichtlicher Aufwand.
- Erstellen Sie Monats- oder Quartalsberichte regelmäßig und nicht als einmalige Aktion. Ansonsten lassen sich keine Rückschlüsse auf die Projekthistorie ziehen.

Checkliste	✓
Welche Aufgaben sind in diesem Monat abgeschlossen worden?	
Welche Aufgaben wurden in diesem Monat begonnen?	
Wurden die Plan- und Ist-Daten gegenübergestellt?	
Wurden Abweichungen festgestellt?	
Wenn ja, welche sind dies und welche Gegenmaßnahmen wurden ergriffen?	
Wurden die Abweichungen bzw. Änderungen begründet?	
Lässt sich eine Trendaussage für das gesamte Projekt treffen?	

8.4 Arbeitspaketbericht im Bauprojekt (Gebäuderenovierung)

Das folgende Beispiel handelt von einer Baufirma, die im vorliegenden Projekt als Bauträger auftritt und verschiedene Gewerke selbst realisiert oder bei Unterauftragnehmern beauftragt.

Das konkrete Projektbeispiel ist die Renovierung aller Wohneinheiten in einem größeren Wohngebiet. Der Projektleiter hat die Verantwortung für die termin-, kosten-, und qualitätsgerechte Durchführung des Vorhabens, so wie sie vertraglich mit den Eigentümern vereinbart wurde. Für sein Controlling lässt er sich in regelmäßigen Abständen von den Mitgliedern seines Projektteams und den beauftragten Firmen berichten.

In diesem Beispiel geht es um die interne Berichterstattung zu einem Arbeitspaket, nämlich die Installation der Hauselektrik in einem Gebäude mit 25 Wohnungen. Der verantwortliche Bearbeiter erstellt für den Projektleiter monatlich jeweils einen einseitigen Bericht für jedes der Arbeitspakete, für die er mit seinem Team bzw. mit seinen Auftragnehmern verantwortlich ist.

Arbeitspaket-Bericht

Projekt (Vertragsnummer):	**Arbeitspaket:**
Wohngebiet *Schönblick* (05-023)	Installation Hauselektrik
Projektleiter:	Arbeitspaket-Nummer/Auftrag:
U. Neumayer, Tel. 23211	M33 – 1010A / G2005 – 6676
Teilprojekt:	Verantwortlich:
Gebäude Maienstrasse 33	G. Bauer, Tel. 82823
Berichtszeitraum: April 2010	Berichtsdatum: 30.04.2010
1. Lieferungen/Leistungen	**2. Termine (Fertigstellungsgrad)**

	Soll	**Ist**
Abnahmebedingungen gemäß Auftrag:	(Plan 31.03.10)	(Status 30.04.10)
Installation des Hausanschlusses	05.04. (100 %)	05.04. (100 %)
Installation des Schaltkastens	08.04. (100 %)	11.04. (100 %)
Verlegen der Wohnungszuleitungen	30.04. (40 %)	30.04. (25 %)
Verlegen der Hausbeleuchtung	30.04. (40 %)	30.04. (40 %)

Kommentare zu Abweichungen

Die Abnahme (Plombierung) des Schaltkastens hat sich durch Erkrankung des Kontrolleurs der Elektrizitätswerke um einen Arbeitstag verzögert. Keine Auswirkung auf Termin oder Kosten für das gesamte Arbeitspaket.

Das Verlegen der Kabelkanäle geht aufgrund der schlechten Mauerbeschaffenheit (Feuchtigkeit) langsamer vonstatten. Dadurch werden eine Woche Verzögerung und Mehrkosten von 1.600 € (40 Arbeitsstunden zu 40 €) für das Arbeitspaket veranschlagt.

3. Zusammenfassung	**Soll** (Plan 31.03.10)	**Ist** (Plan neu 30.04.10)
Termin der Fertigstellung:	13.05. 2010	20.05.2010
Gesamtkosten:	10.200 €	11.800 €
Änderung im Leistungsumfang:		Keine

Bewertung und Wirkung des Berichtes

Der Bericht zu einem Arbeitspaket muss in erster Linie dem Projektleiter schnell Auskunft geben, ob und mit welchen Änderungen er zu rechnen hat. Er benötigt diese Informationen schließlich für den Projektplan, um die Auswirkungen dieser Änderungen auf das Gesamtprojekt und für die nachfolgenden Arbeitspakete abzuschätzen und entsprechende Maßnahmen ergreifen zu können. Je frühzeitiger Änderungen dem Projektleiter bekannt sind, umso mehr lässt sich der Projektverlauf anpassen und optimieren.

- Das Formular beinhaltet im oberen Block alle Angaben zum Projekt, den Aufträgen und den Ansprechpartnern. Das ist wichtig, damit auch bei einer hohen Anzahl von ähnlich lautenden Arbeitspaketen eine Zuordnung zu dem richtigen Projekt und dem Kostenträger gewährleistet werden kann. Weitere hilfreiche Informationen zur Identifikation sind gegebenenfalls die Kontierung, Kennzeichen aus dem Projektstrukturplan, Angaben zum Kunden. Kurz und gut: alles, was dem Projektleiter oder dem Projektbüro die Zuordnung erleichtert.

> **Experten-Tipp:**
>
> Gestalten Sie als Projektleiter das Formular so, dass es Ihnen alle benötigten Informationen möglichst prägnant liefert. In Ihrem Projekt können Sie die Form der Berichterstattung selbst bestimmen oder zumindest so weit beeinflussen, dass sie Ihnen das Controlling möglichst erleichtert. Machen Sie von diesen Möglichkeiten Gebrauch!

- Im mittleren Block werden die einzelnen Lieferungen und Leistungen erörtert. Dies gibt dem Projektleiter einen guten Einblick in den Status und vor allem in den Fertigstellungsgrad der einzelnen Gewerke des Arbeitspaketes. Das ganze Arbeitspaket beinhaltet schließlich sehr unterschiedliche Tätigkeiten, so dass detaillierte Angaben dem Verständnis des Status hilfreich sind.
- Der Projektleiter wird sicherlich sein Augenmerk auf die Zusammenfassung richten, um Abweichungen vom alten Planstand zu erkennen. Der Querverweis auf die Ursachen der Abweichung ermöglicht es, gegebenenfalls gezielt nachzufragen.

Checkliste	✓
Ist der Arbeitspaketbericht übersichtlich, selbsterklärend und standardisiert?	
Sind in dem Arbeitspaketbericht alle Informationen zur eindeutigen Zuordnung zum Projektplan enthalten?	
Werden sowohl Sollwerte (Plan) als auch Istwerte (Status) und die zugehörigen Planstände als Referenz genannt?	
Werden die Gründe für Änderungen bei Termin, Kosten und Leistungen explizit angegeben?	

8.5 Meilensteinabnahme im Kundenprojekt (Anlagenbau)

Der folgende Bericht dient dem Abschluss der Realisierungsphase bei einem Anlagenprojekt und leitet den Übergang in die abschließende Implementierungsphase ein. Es handelt sich um eine Beschallungs- und Beleuchtungsanlage für eine Konzerthalle mit einer Kapazität von 400 Zuschauern, die auf einem ehemaligen Fabrikgelände eingerichtet wird. Die Anlage ist fertig installiert und muss durch den Kunden noch abgenommen werden. Der Kunde ist der Besitzer und Betreiber der Halle, die „Licht & Ton GmbH", an der die Stadtverwaltung als Grundstückseigner mehrheitlich beteiligt ist. Eine moderne technische Ausstattung ist die Voraussetzung, um für verschiedene Arten von Veranstaltungen gebucht werden zu können.

Unsere Firma ist ein hoch spezialisierter Betrieb mit 40 Mitarbeitern und Mitarbeiterinnen, die Licht- und Tonanlagen konfigurieren, installieren und warten. Formalismen sind in dieser Firma zwar weitgehend verpönt, trotzdem hat es sich aufgrund der hohen Anzahl kleinerer Projekte als äußerst nützlich erwiesen, arbeitsteilig vorzugehen und die wichtigsten Informationen durch Berichte auszutauschen. So gibt es einen Innendienst, der die Anlagen beplant, die Komponenten beschafft und die administrativen Tätigkeiten wahrnimmt. Im Außendienst werden die Kunden akquiriert und betreut sowie die Anlagen aufgebaut und später gewartet. Somit sind die Projektleiter vor Ort weitgehend auf sich alleine gestellt und wenig verfügbar, so dass ihre Berichte vor allem dazu dienen, dem Innendienst einen Überblick über benötigte Zuarbeiten zu verschaffen.

Bericht zur Meilensteinabnahme

– Anlagenaufbau (Realisierung) –

Projekt: Kunsthalle

Kunde: Licht & Ton GmbH, Kassel · Vertrag: G2004-004

Berichtsdatum: 16.06.09 · Projektleiter: Joe Müller

1. Projektstatus

- Die Anlage ist über eine Woche vor Termin fertig installiert, vorgetestet und bereit zur Kundenabnahme. Sie erfüllt alle vertraglichen Kriterien.

- Während unserer Tests wurde eine vorläufige Mängelliste erstellt; die entsprechenden Nacharbeiten müssen noch ausgeführt werden (s. u.).

- Unsere Leistungen wurden entsprechend dem Projektfortschritt zur Rechnungsstellung an die Kaufleute weitergegeben (derzeit keine Aktion). Aktuell sind wir mit 35.000 € in Vorleistung.

2. Meilensteine und Terminplan:	Soll:	Ist:	Status:
Anlagenkonzept und Angebot	15.01.09	15.01.09	✓ erledigt
Vertragsabschluss	08.03.09	15.03.09	✓ erledigt
Liefer- und Installationsplan erstellt	31.03.09	05.04.09	✓ erledigt
Komponenten bestellt	16.04.09	21.04.09	✓ erledigt
Abschluss der Installation	25.06.09	16.06.09	✓ erledigt
Kundentest und -abnahme (gepl.)	09.07.09	01.07.09	im Plan

3. Projektergebnis:	Kosten:	Umsatz[1]:	Ergebnis:
Übertrag nach Planungsphase:	11.000 €	0 €	- 11.000 €
Herstellung eigener Komponenten	18.000 €	5.000 €	- 13.000 €
Zukauf fremder Komponenten	22.000 €	7.000 €	- 15.000 €
Beistellung und Installation	11.000 €	15.000 €	+ 4.000 €
Summe heute (16.06.09)	**62.000 €**	**27.000 €**	**- 35.000 €**
Abnahme inkl. Mängelbeseitigung	5.500 €	48.000 €	+ 42.500 €
Summe (geplant)	**67.500 €**	**75.000 €**	**+ 6.500 €**

[1] Abschlagszahlungen

4. Checkliste

	Lieferung	Installation	Test	Abnahme (geplant)
Bühnenbeleuchtung				22.06.09
Lichteffekte			(4)	23.06.09
Lichtmischer				24.06.09
Computeranlage		(3)	(3)	28.06.09
Lichtprogramme			(2)	28.06.09
Mikrofonanlage				25.06.09
Endstufen		(1)	(1)	25.06.09
Boxentürme				25.06.09
Bühnenmonitore				28.06.09
Mischpult				28.06.09
Einweisung/Training	n/a	n/a	n/a	01.07.09

Vorläufige Mängelliste (Aktion – Wer? – Bis wann?)

Endstufen lt. E-Mail v. 11.06. neu verkabeln – Hr. Mayer – 21.06.09

Lichtprogramme (Software) debuggen – Hr. Peter – 25.06.09

Server lt. E-Mail v. 13.06. konfigurieren – Hr. Peter – 25.06.09

Nebelmaschine durchtesten – Hr. Mayer – 21.06.09

---

5. Risiken:

1. Wir stehen aufgrund der Vertragsgestaltung derzeit mit 35.000 € in Vorleistung. Da die Anlage nun eingebaut ist, gelten die Komponenten nicht mehr als neu und unterliegen einem Wertverlust von 30 %. Im Falle der Zahlungsunfähigkeit des Kunden verlieren wir dadurch inkl. Verbrauchsmaterial rund 15.000 €.

Das Risiko wird als gering eingestuft, da eine öffentliche Institution (Stadtverwaltung) der Eigentümer des Kunden Licht & Ton GmbH ist.

2. Die feuerpolizeiliche Abnahme sollte unkritisch sein, da alle Komponenten streng nach Norm verlegt und getestet wurden.

Bewertung und Wirkung des Berichtes

Beim Übergang von der Realisierungs- in die Implementierungsphase geht es bei dem vorliegenden Projekt um die Kundenabnahme. Erst danach wird der größte Teil der Zahlung erfolgen. Ein wichtiger Meilenstein – schließlich ist das Projekt derzeit mit 35.000 € in Vorleistung. Insofern ist dieser letzten Projektphase hohe Bedeutung beizumessen, denn letztlich hängt der Projekterfolg für die Firma von der Bezahlung ab. Deshalb ist es bedeutsam, im Bericht eine Übersicht über das bereits Erreichte und die noch zu erbringenden Leistungen zu geben.

Achtung:
Führen Sie am Ende der Realisierungsphase die noch zu erbringenden Restleistungen explizit auf.

Von der Struktur her wird Übersichtlichkeit erzielt, indem zunächst eine kurze Zusammenfassung des Status als Text aufgeführt wird. Darin wird auf die weiteren Ausführungen verwiesen. Anschließend werden die Zeiten und das finanzielle Ergebnis aufgeführt, was für den Lenkungsausschuss in erster Linie interessant ist.

Experten-Tipp:

Liefern Sie die Kennzahlen des Projektes zusammen mit einer Zusammenfassung des Status immer auf der ersten Seite eines Berichtes.

- Auf der zweiten Seite werden im Detail die zu erbringenden Lieferungen und Leistungen und deren Abarbeitungsgrad dargestellt. Die Mängelliste zeigt die noch zu erbringenden Leistungen explizit.
- Zusätzlich wird der Abnahmeplan aufgeführt, so dass der Umfang bis zum Abschluss der Projektarbeiten ersichtlich wird.

Insgesamt entsteht hier also ein exzellenter Überblick, der durch Nennung und Bewertung der verbleibenden Projektrisiken abgerundet wird.

Checkliste	✓
Wird der Projektstatus kurz und prägnant beschrieben?	
Gehen die Schlüsseldaten aus dem Bericht hervor?	
Werden das Erreichte und die noch zu erbringenden Leistungen dargestellt?	
Wird der Plan bis zum Abschluss der Projektarbeiten (z. B. Abnahmeplan) aufgeführt?	
Werden die verbleibenden Projektrisiken aufgelistet und bewertet?	

8.6 Sofortbericht im Kundenprojekt (IT-Branche)

Das folgende Beispiel spielt in der IT-Firma „SuperNet", die sich auf die Beratung mittlerer und großer Firmen spezialisiert hat. Projekte von „SuperNet" umfassen typischerweise Komplettpakete, von der kundenspezifischen Konfiguration und Realisierung der kompletten IT-Infrastruktur bis hin zur Ausbildung des Personals. Die Kernkompetenz der Firma liegt zum einen in der exzellenten Kenntnis der Technologien. Zum anderen ermöglicht die starke Marktposition von „SuperNet" bei allen großen Anbietern von Hardware, Software und Dienstleistungen günstige Einkaufskonditionen.

Das Projekt „GatorXL" befindet sich in der Realisierungsphase, in der alle Netzwerkkomponenten installiert und getestet werden. Das Projekt verläuft bisher weitgehend im Plan, allerdings wird auf einen Vorstandsbeschluss hin ein großer Lieferant überraschend und mit sofortiger Wirkung suspendiert.

Die Gründe hierfür sind dem Projektleiter nicht bekannt, jedoch muss er sofort reagieren, um Schaden abzuwenden. Der Bericht ist somit eine klassische Eskalation an den Lenkungsausschuss des Projekts in Verbindung mit einer Entscheidungsvorlage. Diese wird durch eine E-Mail an den Lenkungsausschuss vorbereitet.

Von: Jens Schneider

Gesendet: Mittwoch, 12. Januar 2010 07:37

An: Heilmann, Ronald

Cc: Fischer, Rolf; Daschner, Rudolf; Müller, Bert

Betreff: Kündigung des Liefervertrages mit „Innovative & Creative Systems"

Wichtigkeit: Hoch

Sehr geehrter Herr Heilmann,
sehr geehrte Herren des Steuergremiums,

ich habe gestern von meinem Einkäufer, Herrn Müller, von der fristlosen Kündigung unseres Vertrages mit dem Lieferanten „Innovative & Creative Systems" (ICS) erfahren. Nach seinen Aussagen hat er alle Aufträge auf Weisung unseres Bereichsvorstands bereits schriftlich storniert.

Ich eskaliere hiermit diesen Vorgang in Abstimmung mit Herrn Müller in das Steuergremium, da sich aus der Kündigung Schäden für das Projekt und damit für unsere Firma ergeben werden, die meinen Verantwortungsbereich übersteigen.

Begründung: Mein Projekt befindet sich derzeit in der Phase der Systemintegration. Wie Sie sicher wissen, liefert ICS hierfür essenzielle Netzwerkkomponenten, die allesamt kundenspezifisch konfiguriert sind und somit nur unter hohem zeitlichem und finanziellem Aufwand zu ersetzen sein werden.

Wie telefonisch besprochen, finden Sie anbei eine Entscheidungsvorlage mit verschiedenen Optionen, die ich heute in der Sitzung des Steuergremiums vorstellen und zur Entscheidung bringen möchte.

Viele Grüße

Jens Schneider

Projektleiter „Gator XL"

Supernet - Always miles ahead

**Ausstiegsszenarien mit dem Lieferanten
Innovative & Creative Systems (ICS)**

Entscheidungsvorlage für das Steuergremium am 12. Januar 2010

Jens Schneider

Projekt Gator XL   **Firmenvertraulich**   1

Supernet - Always miles ahead

Entscheidungsvorlage: Ausstiegsszenarien mit dem
Lieferanten Innovative & Creative Systems (ICS)

Projektsituation:

- Projekt Gator XL ist in der Realisierung (Netzwerkaufbau beim Kunden)

- Kennzahlen laut Plan 10. Januar 2010:
Umsatz:	820.000 €
Ergebnis:	152.000 €
Fertigstellungsgrad	78 % (im Plan)
Kundenabnahme:	21. Februar 2010

- ICS ist der Hauptlieferant von Hardware (Server, Router, Switches etc.)
  für das Projekt

- Wert der noch zu verbauenden und bereits in Lieferung befindlichen
  Netzwerkkomponenten: 250.000 €

Projekt Gator XL   **Firmenvertraulich**   2

169

Supernet - Always miles ahead

Entscheidungsvorlage: Ausstiegsszenarien mit dem
Lieferanten Innovative & Creative Systems (ICS)

Szenarien:

1.) Fristlose Kündigung des Liefervertrages mit ICS   **Kosten: 174.400 €**
(s. Anlage)

2.) Kostenoptimierter Ausstieg aus dem Liefervertrag   **Kosten: 35.000 €**
(s. Anlage)

3.) Kündigung des Vertrags nach Projektabschluss   **Kosten: 0 €**

Die Projektleitung empfiehlt Option 3

Projekt Gator XL   **Firmenvertraulich**   3

Supernet - Always miles ahead

Entscheidungsvorlage: Ausstiegsszenarien mit dem
Lieferanten Innovative & Creative Systems (ICS)

Szenario 1: fristlose Kündigung des Liefervertrages:

Stornokosten   75.000 €
Die bei ICS bestellte und vorkonfigurierte Hardware muss laut Liefervertrag
bei Storno zu 30 % bezahlt werden

Mehrkosten der Neubeschaffung:
a) 9 Manntage interner Aufwand zur Konfiguration und Nachbestellung   9.000 €
b) 10 % Eilzuschlag alternativer Anbieter (Angebot Fa. Brown vom 11. Januar 2010)   25.000 €

Folgekosten wegen Projektverzug   65.400 €
- Verschiebung des Abnahmetermins durch den Kunden um die Lieferzeit
kritischer Komponenten (bei Eilbestellung 4 Wochen)
- Vertragsstrafe 2,2 % vom Auftragswert (820.000 €) pro Woche Verzug

Summe: **174.400 €**

Projekt Gator XL   **Firmenvertraulich**   4

Supernet - Always miles ahead

Entscheidungsvorlage: Ausstiegsszenarien mit dem
Lieferanten Innovative & Creative Systems (ICS)

Szenario 2: kostenoptimierter Ausstieg aus dem Liefervertrag

Lieferung der kritischen Komponenten im Gesamtwert von 170.000 € durch ICS
Eilbestellung der anderen Komponenten bei Fa. Brown

Stornokosten Storno (30 %) von 80.000 € unkritischen Komponenten	24.000 €
Mehrkosten der Neubeschaffung:	
a) 3 Manntage interner Aufwand zur Konfiguration und Nachbestellung	3.000 €
b) 10 % Eilzuschlag Fa. Brown auf 80.000 € (Angebot vom 11. Januar 2010)	8.000 €
Folgekosten wegen Projektverzug - keine Verschiebung des Abnahmetermins durch den Kunden, da die kritischen Komponenten von ICS geliefert werden; daher keine Vertragsstrafe	0 €
Summe:	**35.000 €**

Projekt Gator XL   **Firmenvertraulich**   5

Bewertung und Wirkung des Berichtes

In diesem Fall hat der Projektleiter hohen Druck zu handeln. Denn
die Entscheidung des Vorstands, den Lieferanten sofort auszupha-
sen, gefährdet den finanziellen Erfolg und damit sein ganzes Projekt.
Die Herausforderung liegt darin, seinem Lenkungsausschuss im
Rahmen einer Eskalation eine ordentliche Argumentation zur Verfügung zu stellen, mit deren Hilfe er handeln kann.

Der Projektleiter lässt den Mitgliedern des Lenkungsausschusses die
Daten vor der eigentlichen Sitzung per E-Mail zukommen:

- In solch dringendem Fall ist es unerlässlich, den Vorgang, wie
  hier geschehen, wenigstens einem Mitglied telefonisch anzukün-
  digen. E-Mails werden oft nicht oder nur unvollständig gelesen,
  daher ist die persönliche Kontaktaufnahme die einzige zuverläs-
  sige Methode, die nötige Aufmerksamkeit zu erlangen.

Achtung:
Wichtige und dringende Aktivitäten, wie z. B. Eskalationen, unbedingt im persönlichen oder telefonischen Kontakt ankündigen.

- Alle Mitglieder des Lenkungsausschusses werden in „Cc" informiert, so dass in der Sitzung derselbe Informationsstand herrscht.
- Der Einkäufer, auf dessen Informationen hin der Projektleiter eskaliert, steht ebenfalls in „Cc". Damit ist er in den Vorgang einbezogen.
- Die Struktur des Anschreibens ist richtig gewählt: Zunächst wird der Vorgang selbst beschrieben. (Um welches Thema geht es?) Dann wird die Eskalation benannt und die Begründung geliefert. (Warum ist das Thema so wichtig?) Abschließend wird die weitere Vorgehensweise angesprochen. Versetzen Sie sich also immer in die Lage Ihres Adressaten: Welche Informationen und welche Struktur braucht er, um eine Entscheidung in Ihrem Sinne zu treffen?
- Der Vorgang und die Konsequenzen werden sachlich und ohne Spekulationen dargestellt. Dadurch basiert die Eskalation nur auf Tatsachen und wird nicht anfechtbar.

Achtung:
Wenn Sie eskalieren, dann achten Sie auf Logik. Geben Sie Zahlen, Daten, Fakten und konkrete Vorschläge. Spekulationen und Hypothesen entwerten Ihre Argumentation.

Die beigefügte Präsentation enthält nun die eigentliche Argumentation.

- Die Präsentation ist kurz gehalten und selbsterklärend. Dies ist wichtig, da sie möglicherweise ohne Wissen des Projektleiters weitergegeben und verbreitet wird. Je eindeutiger sie ist, umso besser wird sie ihren Zweck erfüllen.
- Auch hier unterstützt die Struktur das Verständnis: Zunächst das Deckblatt (Thema, Verfasser, Datum), dann die Projektsituation mit den wichtigsten Fakten, anschließend Handlungsoptionen mit einer Empfehlung der Projektleitung.

- Die beigefügten Rechnungen zu den Optionen unterstützen die Glaubwürdigkeit der Argumentation, ebenso wie der Verweis auf entsprechende Angebote.
- Die „weichen Faktoren", wie der Schaden an der Reputation beim Kunden oder die Demotivation des Projektteams, wurden in der Präsentation nicht berücksichtigt. Es ist tatsächlich wirkungsvoller, sie situativ in der Sitzung oder im persönlichen Gespräch anzubringen, da sie weitgehend interpretierbar sind und damit leicht zerredet werden können.

Verbesserungs- und Ergänzungsvorschläge

- Die entscheidenden Punkte könnten besser dargestellt werden, vor allem würde das Projektergebnis durch Option 1 ins Negative verkehrt. Das wird nirgends explizit erwähnt, obwohl die Daten in der Präsentation aufgeführt werden. Schreiben Sie also Kernaussagen immer explizit auf!
- Die Rechnungen werden nur für Option 1 und 2 ausgeführt. Bei Option 3 entfallen zwar alle Kosten, insofern ist die Rechnung sehr einfach. Die qualitative Begründung fehlt aber trotzdem in der Präsentation.

Checkliste	✓
Haben Sie bei im Fall einer Eskalation alle Beteiligten und Verantwortlichen informiert?	
Ist die Eskalation begründet (z. B. wegen einer Überschreitung Ihrer Kompetenzen)?	
Wissen Sie, welche Optionen bestehen und welche Option aus Ihrer Sicht die beste wäre?	
Ist Ihre Argumentation logisch aufgebaut und durch nachprüfbare Angaben belegt?	
Werden die Konsequenzen einer Entscheidung erläutert?	
Ist die Präsentation selbsterklärend und damit weitergabefähig?	

9 Berichte für die Abschlussphase

9.1 Statusbericht im Kundenprojekt (Maschinenbau)

Wir betrachten nun ein Anlagenprojekt eines mittelständischen Maschinenbauers, der Fertigungsstraßen für die Lebensmittelbranche herstellt.

Das Produkt in unserem Beispiel ist eine Flaschenabfüllanlage, die von unserer Firma konstruiert, gefertigt und installiert wird. Das Know-how liegt dabei im Wissen um die optimale Auslegung und das Zusammenspiel aller Module und Komponenten, um bei maximalem Durchsatz eine möglichst geringe Quote von Fehlern (z. B. Anlagenstillstand durch Flaschenstau, Ausschuss durch Glasbruch) zu erzielen. Viele der Komponenten und Module werden zugekauft oder im Auftrag gefertigt.

Unser Projektleiter ist vom Tag des Auftragsgewinns bis zur vollständigen Bezahlung verantwortlich und leitet ein Team von Konstrukteuren und Monteuren. Des Weiteren koordinieren seine Abwickler alle Einkaufs- und Lieferaktivitäten.

Das Projekt befindet sich gerade in der Implementierungsphase, in deren Verlauf die Anlage in Betrieb genommen und vom Kunden abgenommen wird. Diese Phase ist besonders spannend, da die fertig installierte Anlage auf die Einhaltung aller vertraglich vereinbarten Leistungswerte hin getestet wird. Hier zeigt sich, wie gut in den vorherigen Phasen gearbeitet wurde.

Projektstatus

Kunde/Projekt: Badenquelle/Fabrikhalle B

Berichtszeitraum: 19.–25. Juli 2009   **Datum: 26.07.09**

| | 1. Inhalte   Trend: → | | 2. Aufwände   Trend: ↓ | | 3. Termine   Trend: ↘ |

| Legende: | ↑ rapide Verbesserung | ↗ moderate Verbesserung | → gleichbleibend |
| | ↘ moderate Verschlechterung | ↓ rapide Verschlechterung | |

Zusammenfassung:

Zu 1. Inhalte: Der Status ist ‚rot‘, weil der Projektfortschritt bis zur Lösung des Problems mit dem fehlerhaften Steuermodul blockiert ist. Die Anlage ist vollständig aufgebaut, kann aber deshalb nur teilweise abgenommen werden.

Der Trend ist gleichbleibend, weil der Lieferant durch Insolvenz nicht mehr lieferfähig ist und derzeit keine Lösung bekannt ist.

Zu 2. Aufwände: Der Status ist ‚gelb‘, weil durch die Monteure an einer Ersatzlösung mit frei käuflichen Bauteilen arbeiten. Dadurch entstehen voraussichtlich zusätzlich 23.000 € Material- und 13.000 € Personalkosten.

Der Trend ist stark fallend, weil zusätzliche Personalkosten von 8.000 €/Woche entstehen und das Projektergebnis aufzehren.

Zu 3. Termine: Der Status ist noch ‚grün‘, weil alle Teile der Anlage plangemäß geliefert und installiert wurde. Daher haben wir noch 2 Wochen Puffer bis zur vertragsmäßigen Abnahme (9. August), um das Problem mit dem fehlerhaften Modul zu lösen.

Der Trend ist fallend, da der Puffer mit jedem Tag abnimmt.

Arbeitspakete im Berichtszeitraum:	Soll	Ist	Bemerkung
Feinjustage der Befüllungsstation	20. Juli 09	21. Juli 09	Vibrationen durch Gummipuffer beseitigt
Endmontage der Förderanlage	21. Juli 09	21. Juli 09	
Probelauf der Anlage	23. Juli 09	offen	Steuermodul der Förderanlage fehlerhaft

Arbeitspakete in den nächsten Berichtszeiträumen:	Soll	Ist (voraussichtlich)	Bemerkung/ Maßnahmen
Reparatur des defekten Steuermoduls	n/a	30. Juli 09	
Probelauf der Anlage	23. Juli 09	1. August 09	Sonntags- arbeit
Durchsatztest	25. Juli 09	2. August 09	3-Schicht- Betrieb
Abschluss Dauertest	7. August 09	9. August 09	3-Schicht- Betrieb
Kundenabnahme	9. August 09	9. August 09	

Notwendige Entscheidungen:

- Genehmigung der Wochenendarbeit und des 3-Schicht-Betriebes in der Testphase durch Betriebsrat und Betriebsleitung des Kunden
- Genehmigung der Mehrkosten für Konstruktion, Montage und Material von rund 60.000 €

Projektleiterin: Johanna Obermeier	Projektkaufmann: Peter Neumann
Unterschrift: gez. Obermeier	Unterschrift: gez. Neumann
Datum: 26. Juli 2009	Datum: 26. Juli 2009

Bewertung und Wirkung des Berichtes

Das Projekt befindet sich in einer Krisensituation, denn ein einziges fehlerhaftes Modul blockiert die weitere Inbetriebnahme des Systems. Das sollte kein Problem sein – vorausgesetzt, es gäbe Ersatzteile. Leider ist der Lieferant insolvent, so dass an einer Ersatzlösung gearbeitet werden muss. Diese war in der Ursprungsplanung nicht vorgesehen, insofern ist es ungewiss, ob das Problem zu einer Verzögerung bei der vertraglich vereinbarten Abnahme führen wird, was Vertragsstrafen zur Folge hätte. Unter dieser Maßgabe ist der Terminstatus mit der grünen Ampel eher optimistisch dargestellt, wird aber im Text detailliert erläutert.

- Das Format mit den drei Ampeln für Inhalte, Aufwände und Kosten veranschaulicht gut den Status der drei wesentlichen Parameter im Projekt. Der Nachteil an der Ampeldarstellung ist der hohe Grad an Verallgemeinerung: So wird der inhaltliche Status auf rot gesetzt, obwohl die Anlage ja installiert ist – auf der anderen Seite ist die Anlage aber auch wertlos, solange sie nicht betrieben werden kann. Insofern ist trotz aller Arbeit der Gesamtfortschritt durch das eine fehlerhafte Modul blockiert.
- Hilfreich ist auch eine Trendaussage, die beschreibt, wie sich der Zustand eines Parameters voraussichtlich mit Fortschreiten der Zeit verändern wird. Die rote Ampel mit Status gleichbleibend signalisiert ein ungelöstes und derzeit nicht lösbares Problem. Mit der Status- und Trendaussage kann sich der Lenkungsausschuss schnell einen Überblick verschaffen, und hier besteht eindeutig Handlungsbedarf.
- Nützlich ist in jedem Fall eine Legende, die die Bedeutung der Symbole erklärt. Andernfalls kann es unterschiedliche oder sogar irreführende Interpretationen des Berichtes geben.

Achtung:
Status und Trend möglichst graphisch veranschaulichen und mit einer Legende erläutern!

- Wichtig ist nun auch die Erläuterung der einzelnen Ereignisse, die zu der Bewertung des Status geführt haben. Zusätzlich liefert die Angabe der wichtigsten Arbeitspakete des abgelaufenen und des kommenden Berichtszeitraums einen guten Überblick über die momentanen Aktivitäten im Projekt. Die notwendigen Entscheidungen sind nun für die nächste Sitzung des Lenkungsausschusses gedacht und informieren die Mitglieder vorab.

Alles in allem handelt es sich um einen übersichtlichen und aussagekräftigen Statusbericht, der sowohl schnell erfassbar ist als auch detaillierte Aussagen macht.

Checkliste	✓
Setzen die Visualisierungen die notwendigen Signale für den Leser?	
Sind die Gründe für die Gesamtbewertung des Status im Klartext erläutert?	
Sind die kritischen Ereignisse und Hindernisse schnell ersichtlich?	
Sind die Schlüsselaktivitäten beschrieben?	
Sind die Auswirkungen, wie z. B. zusätzliche Kosten oder Genehmigungen, im Bericht beschrieben?	
Sind notwendige Entscheidungen aufgeführt?	
Sind die Auswirkungen für den Kunden beschrieben?	

9.2 Statusbericht im Kundenprojekt (IT-Branche)

Wir betrachten nun ein IT-Projekt, welches die Entwicklung und Einführung eines neuen Softwarepaketes zur Geschäftsplanung und -steuerung in einer mittelgroßen Firma beinhaltet. Bisher war eine sehr vielfältige Landschaft teilweise selbst programmierter Software im Einsatz, welche über die Jahre von System zu System portiert und immer komplexer wurde.

Im Zuge der Umstellung auf die neue Software werden etwa 1600 Arbeitsplätze umgerüstet, was auch die Anschaffung einer erheblichen Anzahl neuer PCs und die Anpassung des Firmennetzwerkes nach sich zieht. Insgesamt also ein Unterfangen von erheblichem Umfang, welches noch dazu den laufenden Betrieb möglichst wenig beeinträchtigen soll. Natürlich erfreuen sich Systemumstellungen genau deshalb bei den Mitarbeitern und Mitarbeiterinnen keiner sehr großen Beliebtheit. Somit stößt die Projektleiterin neben den technischen Herausforderungen auch immer wieder auf neue, bis dato ungeahnte Schwierigkeiten, die zu Verzögerungen und Zusatzkosten führen.

Statusbericht

Berichtszeitraum 01.04.04 bis 13.04.04

Projekt: Eagle 2	Projektleiterin: Roberta Giannini Tel. 34335	Datum: 14.04.04

Zusammenfassung:

☹   Systemintegration wegen hoher Fehlerrate nicht abgeschlossen.

☺   Alle Software-Module wurden erneut nachgetestet und abgenommen.

☺   Nachlieferung und Umrüstung von 20 PCs ist kostenfrei erfolgt.

Details zu den Problemen bei der Systemintegration:

Obwohl die Hardware mittlerweile installiert und getestet wurde und obwohl alle Module der Software debugged wurden, performed das System nicht fehlerfrei. Beim Handshake zwischen den Workstations werden offenbar fälschlich flags gesetzt, die die Registry-Einträge der Puffer overloaden. Ein gezieltes Waving der Swap-Daten führte nicht zu den gewünschten Ergebnissen, so dass die latency angepasst werden musste.

Abgeschlossene Arbeitspakete:

• Hardware-Installation der Arbeitsplätze abgeschlossen
• Bugfix und Test der Software-Module abgeschlossen
• Netzwerkeinrichtung ist hardware- und softwareseitig erfolgt

Laufende Aktivitäten:

• Fehlersuche auf Systemebene (Zusammenspiel der Software-Module)
• Abnahme der Netzwerk-Hardware vom Unterlieferanten

Folgeaktivitäten für den Berichtszeitraum 15.04. - 30.04.04:

• schrittweise Umstellung auf das neue System bis 30.04.04
• „Scharfschalten" aller Software-Module in den produktiven Betrieb
• Dokumentation der Software-Anpassungen
• Redundanzbetrieb des neuen und alten Systems zur Absicherung
• des laufenden Geschäftsbetriebes
• Archivierung der Datenbasen des alten Systems

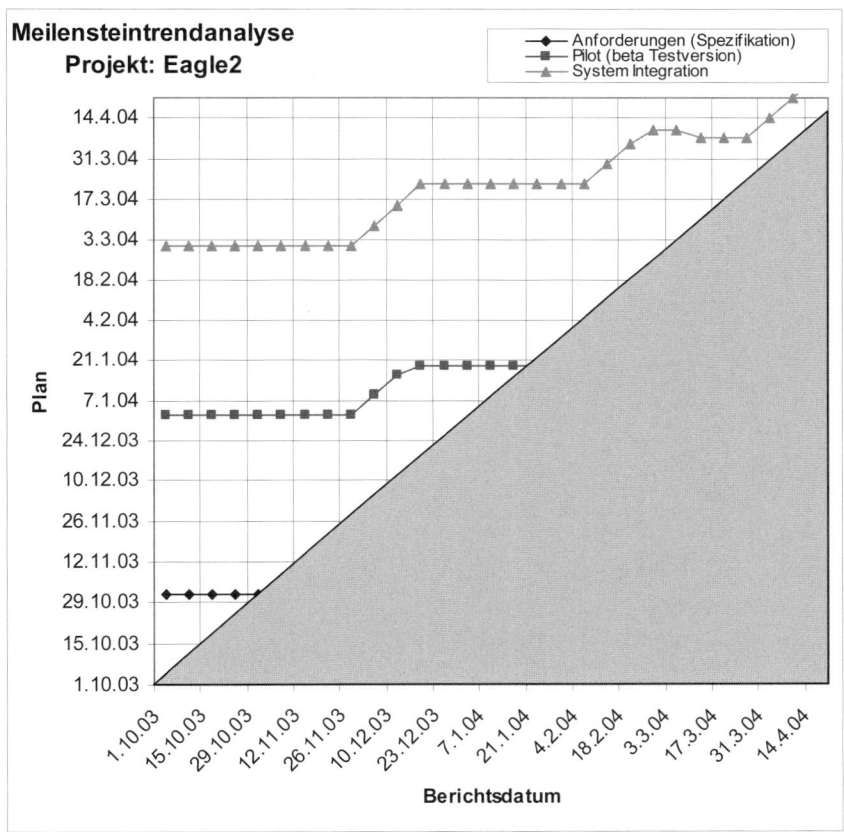

Erläuterungen

1. **Verschiebung des Meilensteins Pilot (Beta-Testversion) berichtet 01.12.03–
20.12.04:** Probleme beim Software-Lieferanten führten zur verspäteten Auslieferung
der Beta-Version.

2. **Verschiebung der Systemintegration (berichtet 07.02.04–01.03.04):** Projektforschritt
war zeitweise durch nichtfunktionale Router beeinträchtigt. Die Verschiebung konnte
teilweise durch beschleunigte Nachlieferung ausgeglichen werden.

3. **Aktuelle Verschiebung der Systemintegration:** sporadische Fehler im Zusammenspiel
der Softwrae-Module verschieben die Abnahme

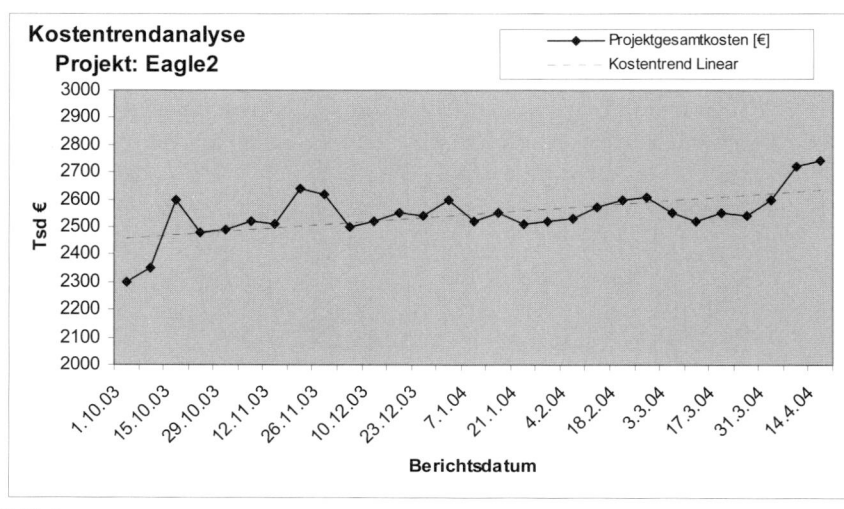

**Kostentrendanalyse
Projekt: Eagle2**

Legend: Projektgesamtkosten [€] — Kostentrend Linear

Y-axis: Tsd € (2000 to 3000)

X-axis (Berichtsdatum): 1.10.03, 15.10.03, 29.10.03, 12.11.03, 26.11.03, 10.12.03, 23.12.03, 7.1.04, 21.1.04, 4.2.04, 18.2.04, 3.3.04, 17.3.04, 31.3.04, 14.4.04

Erläuterungen

Geplante Projektgesamtkosten

- Projektstart (Plan 01.10.03):   2,30 Mio €
- aktuell (Plan 14.04.04):   2,74 Mio €

Delta: 440.000 € oder + 19 %

Begründung (Überleitung):

1. Preiserhöhung der Netzwerkhardware durch zusätzliche Anforderungen
   (berichtet 19.10.03)   + 300.000 €

Preisreduktion durch Nachverhandlung Lieferant 22.10.03   - 140.000 €

2. Preiserhöhung des Softwarehauses aufgrund der neue
   Systemanforderungen abgewehrt (15.11.-05.12.03)   0 €

3. Verschiebung der Beta-Version (s. MTA Punkt 1.) kosten-
   neutral, da zusätzlich benötigte Arbeiten vom SW-Hersteller
   getragen wurden   0 €

4. Erhöhung der Aufwände durch Fehlersuche auf Systemebene   + 280.000 €

Zusammenfassung: Die Projektgesamtkosten konnten nach der anfänglichen Erhöhung wegen der geänderten Spezifikation (s. Punkt 1) über die Projektlaufzeit fast konstant gehalten werden. Durch die Schwierigkeiten bei der Systemintegration werden noch erhebliche Nacharbeiten bis zur vollständigen Inbetriebnahme erwartet.

Bewertung und Wirkung des Berichtes

Das Projekt befindet sich im Stadium der Abnahme, technisch gesprochen in der Phase der Systemintegration, und hier treten zu guter Letzt alle verborgenen Probleme zutage. Leider verursachen diese dann letztendlich auch die größten Verzögerungen und die höchsten Kosten. Aus Sicht des Lenkungsausschusses wie auch aus Sicht der internen Kunden also ein höchst enttäuschender und unangenehmer Vorgang, da man sicher davon ausgegangen ist, kurz vor Abschluss der Arbeiten zu stehen.

Insofern ist es aus Sicht der Projektleitung angebracht, die Situation möglichst anschaulich zu erläutern, damit die Gründe transparent werden. Gute Dienste leistet hier die Visualisierung.

- Positiv ist gleich am Anfang die Visualisierung durch die Kennzeichnung der wichtigsten Ereignisse in der Zusammenfassung durch die „Smileys". Die Ereignisse werden damit gleich in ihrer Wirkung auf das Projekt klassifiziert. Scheuen Sie sich also nicht, Ihre Aussagen durch Symbole zu veranschaulichen, die an die Gefühle des Lesers appellieren. Sie helfen dem schnelleren Verständnis.
- Gut ist auch die Idee, das Hauptproblem genauer zu erläutern. Jedoch liefert der Block „Details" einen Fachjargon, den ein technisch unbeschlagener Leser niemals verstehen kann, der im Gegenteil sogar verwirrt oder so wirken kann, als mache sich der Berichtsverfasser über den Leser lustig. Damit ist er im Kontext eines Berichtes schädlich. Hier gilt es, den richtigen Mittelweg zwischen Detailtreue und Verständlichkeit zu finden.

Achtung:
Seien Sie vorsichtig bei der Verwendung von Fachjargon und Details, die den Berichtsempfänger verwirren können. Stellen Sie sich auf die Sprache des Lesers ein und überlegen Sie, was Sie bei ihm bewirken wollen.

- Sehr gelungen ist die Beschreibung der abgeschlossenen, der laufenden und der kommenden Arbeitspakete in Stichpunkten. Sie liefern einen schnellen und soliden Überblick über die Projektaktivitäten und können als Grundlage für die Erläuterung des Projektstatus in Präsentationsform gebracht werden.

- Außerdem leisten die Trendanalysen hier wertvolle Dienste, spiegeln sie doch visuell Historie, aktuellen Status und den Ausblick in die Zukunft. So geben sie auf den ersten Blick Auskunft. Die Meilensteintrendanalyse (MTA) zeigt drei terminkritische Projektereignisse, die die Meilensteine verzögern. Alle drei werden im Anhang an die MTA erläutert.

- Eine Anregung wäre, die Nummern der Ereignisse in das Diagramm einzutragen, damit sie schneller auffindbar sind.

- Die Kostentrendanalyse führt verschiedene kostenrelevante Ereignisse auf, die ebenfalls im Anhang durch eine Überleitung zwischen den ursprünglich geplanten und den aktuell geplanten Projektkosten erläutert werden. Diese Transparenz hilft, die Abweichungen zu verstehen und damit zu akzeptieren.

Checkliste	✓
Wird der Projektstatus dem Leser schnell ersichtlich?	
Wird ein Überblick über die laufenden Projektaktivitäten gegeben?	
Sind termin- und kostenkritische Ereignisse explizit und prägnant beschrieben?	
Werden Visualisierungen wie Trendanalysen eingesetzt?	
Ist der Bericht in der Sprache des Lesers verfasst?	

9.3 Projektabschlussbericht im Controlling-Projekt (Maschinenbau)

Das Projekt „Einführung eines Informations-Management-Systems" wurde Ende Dezember 2010 abgeschlossen. Die Geschäftsführung bittet den Projektleiter, Herrn Müller, in Form eines Abschlussberichtes das Gesamtergebnis des Projektes und die daraus gewonnenen Erkenntnisse für zukünftige Projekte darzustellen.

In einer Projektabschluss-Sitzung ziehen der Projektleiter und sein Team gemeinsam Bilanz. Herr Müller fasst die Ergebnisse in einem Abschlussbericht zusammen.

Projektabschluss-Bericht	Datum: 15.01.2011
	Seite 1 von 1

Projektdaten	
Projektbezeichnung	Einführung Informations- und Management-System (IMS)
Projektleiter	Herr Müller
Auftraggeber	Geschäftsführung
Betroffene Bereiche/Mitarbeiter	Sämtliche Fachbereiche der KLEINERT GmbH
Externe Dienstleister	Fa. Gamma

Soll/Ist-Vergleich		
Kriterien	Soll	Ist
Projektanfang	April 2010	04.04.2010
Projektende	31.12.2010	12.01.2010
Personentage	200	200
Budget/Kosten	144.000,00 €	150.000,00 €

Erfahrungen

1. Positive Erfahrungen: Das Projektteam war sehr motiviert und engagiert. Auch die Geschäftsführung zeigte großes Interesse an diesem Projekt und traf zügig notwendige Entscheidungen.

2. Negative Erfahrungen:

- Die Fachbereiche standen zu Beginn dem Projekt sehr skeptisch gegenüber. Ursache war das subjektive Gefühl von mehr Kontrolle, wenn das IMS installiert sein würde.

- Die konzeptionelle Ausarbeitung hat mehr Zeit in Anspruch genommen als ursprünglich geplant. In der Detailabstimmung von Programmierungsfragen waren viele Abstimmungsrunden mit der Firma Gamma notwendig. Der Projektende-Termin hat sich deshalb um einige Tage verzögert.

3. Empfehlungen
• Um die Fachbereiche frühzeitig einzubinden und positiv zu stimmen, empfehlen wir 1-2 Informationsveranstaltungen, in denen die Geschäftsführung und die Projektleitung die Vorteile des Systems darstellen • Für die Konzeptphase sollte zukünftig generell mehr Zeit eingeplant werden. Das Konzept ist eine wichtige Voraussetzung für die weiteren Schritte; ein ungenaues Konzept führt ggf. zu Mehraufwand in den weiteren Phasen und in der Umsetzung.
4. Weitere Maßnahmen nach Projektabschluss
• Projekterfahrungen zusammenfassen und als „Lessons learned" in unsere Datenbank stellen – Herr Müller – bis 30.01.2011 • Projektunterlagen archivieren – Herr Müller – bis 30.01.2011
5. Gesamtbeurteilung
In diesem Projekt hatten wir keine größeren Schwierigkeiten. Unsere geplanten Ziele haben wir größtenteils erreicht.
Datum/Unterschrift Projektleitung: 15.01.2011   gez. Müller
Datum/Unterschrift Auftraggeber: 15.01.2011   gez. Kleinert

Bewertung und Wirkung des Projektabschlussberichts

Ein systematischer Abschluss des Projektes hat eine hohe Bedeutung. Hier fassen Sie Ihre Erfahrungen gemeinsam mit den Projektbeteiligten zusammen und leiten daraus Empfehlungen („Lessons learned") für zukünftige Projekte ab.

Dieser Abschlussbericht beschreibt die positiven aber auch negativen Erfahrungen im Projektverlauf. Er beschreibt Empfehlungen und Maßnahmen für zukünftige Projekte.

Im vorliegenden Projektabschlussbericht fasst der Projektleiter die Projektinformationen in einem Soll/Ist-Vergleich zusammen. Auf einen Blick sind die Abweichungen hinsichtlich Projektanfang, Projektende, Personentage und Kosten zu sehen. In den nachfolgenden Zeilen beschreibt er die positiven und negativen Erfahrungen im Projekt. Offensichtlich wurde viel Zeit für die Abstimmung mit dem Unternehmen Gamma benötigt. Dieser Mehraufwand wird allerdings nicht im Soll/Ist-Vergleich dargestellt. Die Angaben im Text müssen jedoch unbedingt mit dem Soll/Ist-Vergleich übereinstimmen!

Einige Angaben im Abschlussbericht sind relativ vage: „In der Detailabstimmung von Programmierungsfragen waren viele Abstimmrunden mit der Firma Gamma notwendig". Hier sollte nicht verschwiegen werden, wie viele Abstimmrunden es genau waren.

Dann: „Der Projektende-Termin hat sich deshalb um einige Tage verzögert" Auch hier: Um wie viele Tage genau hat sich der Ende-Termin verzögert?

Ferner: „Für die Konzeptphase sollte zukünftig generell mehr Zeit eingeplant werden" Wie viel Zeit soll bei zukünftigen Projekten dafür eingeplant werden?

Schließlich: „Ein ungenaues Konzept führt gegebenenfalls zu Mehraufwand in den weiteren Phasen und in der Umsetzung" Hier fehlt die genaue Angabe, wie hoch der Mehraufwand ist.

Legen Sie Wert auf eine konkrete Darstellung Ihrer Projektinformationen. Beachten Sie die ZDF-Regel: Zahlen, Daten, Fakten! Ihre Informationen im Abschlussbericht dienen zukünftigen Projekten für die Projektplanung. Je genauer Sie die Projektinformationen dokumentieren, desto konkreter können neue Projekte geplant werden.

Administrative und organisatorische Restarbeiten, die noch zu erledigen sind, können Sie auch in Form einer To-Do-Liste dokumentieren: Wer macht was bis wann?

Achtung:
Lassen Sie Ihren Abschlussbericht in Form einer Projekt-Endabnahme von Ihrem (internen) Auftraggeber abzeichnen.

Verbesserungs- und Ergänzungsvorschläge

- Legen Sie in einem Verteiler gleich im Dokument selbst fest, wer diesen Abschlussbericht erhalten soll.
- Dokumentieren Sie nochmals die geplanten Projektziele und stellen Sie ein Vergleich mit den erreichten Projektergebnissen an.
- Stellen Sie alle Projektinformationen so konkret wie möglich dar, das heißt: Zahlen, Daten, Fakten (ZDF).
- Fassen Sie offene Aufgaben und Restarbeiten in einer To-Do-Liste zusammen.
- Erst wenn die offenen Aufgaben und Restarbeiten abgeschlossen sind, ist das Projekt wirklich beendet.
- Um möglichst die Erfahrungen aller Projektbeteiligten zu erhalten, sollten Sie den Projektabschluss in Form eines Workshops durchführen.

Checkliste	✓
Haben Sie die gesetzten Ziele erreicht?	
Wenn nein, was waren die Gründe dafür?	
Ist der Kunde/interne Auftraggeber mit dem Ergebnis zufrieden?	
Wenn nein, was sind die Gründe für seine Unzufriedenheit?	
Was ist im Projekt gut, was schlecht gelaufen?	
Wie war die Zusammenarbeit mit den Fachabteilungen und Externen?	
Welche Konsequenzen lassen sich aus den Erfahrungen für künftige Projekte ziehen?	
Sind alle diese Erfahrungen dokumentiert?	
Wie werden Sie allgemein zugänglich gemacht?	
Welche Restarbeiten sind zu erledigen?	
Werden die Projektleitung und das Projektteam entlastet?	

9.4 Projektabschlussbericht in der Produktentwicklung (Konsumgüter)

Das Beispiel für den Projektabschluss stammt aus der Elektronikfirma, die sich auf die Entwicklung und Fertigung von Elektronik für die Telekommunikation spezialisiert hat.

Das Projekt hat die Entwicklung einer Hauptplatine für einen DSL-Router bis zur Fertigungseinführung zum Inhalt. Der Projektleiter arbeitet mit Entwicklungsingenieuren seiner eigenen Firma und des Kunden zusammen und hat die Verantwortung für die termin- und kostengerechte Realisierung der Hauptplatine.

Projektabschlussbericht	
Projekt: DSL-Router „A9000"	Datum: 22.11.2009
Projektleiter: Rüdiger Neumüller	Seite 1 von 3
Projektziele	
Inhalte	Entwicklung der Hauptplatine für den DSL-Router A9000 gemäß Spezifikation DSL-X-9000 Version 4.1 vom 05.12.2008
	Lieferung von 1000 Kundenmustern bis zur Fertigungsfreigabe
Qualität	Zuverlässigkeit und Betriebssicherheit gem. Spezifikation DSL-R-0903 Version 01.08 v. 08.01.2009
Termine	Qualifikation Leitkunde am 31.08.2009 (Meilenstein 06)
	Fertigungsfreigabe (Volumen) am 31.10.2009 (Meilenstein 07)
Kosten	Entwicklungsbudget bis Meilenstein 07: 268.000 €
	Stückkosten Volumenfertigung bei Meilenstein 07 von max. 83 €
Zielerreichung und Abweichungen	
Inhalte	Die Spezifikation wird in allen Punkten erfüllt. Version bei Produktfreigabe ist DSL-X-9002 Version 1.8 vom 18.06.2009.
	Abweichung: keine

189

Qualität	Spezifikation DSL-R-0903 Version 1.8 vom 08.01.2009 wird bis auf einen Punkt erfüllt. Abweichung: Wiederholung des Klimatests – *Freigabe 28.10.09*
Termine	Qualifikation „ExtraCom" 23.09.2009 Abweichung: 3 Wochen später als geplant Fertigungsfreigabe am 10.12.2009 Abweichung: 6 Wochen später als geplant
Kosten	Entwicklungskosten bis Meilenstein 07: 293.000 € Abweichung: +9 % über Plan Stückkosten Volumenfertigung bei Meilenstein 07: 77 € Abweichung: -7 % unter Plan

Projektabschlussbericht			
Projekt: DSL-Router „A9000"		Datum: 22.11. 2009	
Projektleiter: Rüdiger Neumüller		Seite 2 von 3	
Projektverlauf			
Meilensteine:	Soll	Ist	Ereignisse:
01 – Projektfreigabe	10/08	10/08	
02 – Spezifikation	12/08	12/08	Zusätzliche Anforderungen vom Kunden [1]
03 – Prototyp	03/09	04/09	Verspätete Lieferung des Prozessorchips [2]
04 – Kundenmuster	05/09	06/09	Reichweitenproblem WLAN-Schnittstelle [3]
05 – Vorserienfertigung	06/09	07/09	
06 – Kundenqualifikation	08/09	09/09	
07 – Freigabe Fertigung	10/09	12/09	Wiederholung Klimatest [4]

Risikoreview und „Lessons learned"

Durch den Eintritt verschiedener Risiken konnte der Zeitverzug bis zum Projektabschluss nicht mehr aufgeholt werden.

[1] Die Spezifikation wurde mehrfach auf Kundenwunsch angepasst.
Folge: 12.000 € Mehrkosten durch zusätzliche Ingenieursstunden.

Lesson learned: Änderungszyklen in der Planung berücksichtigen

[2] Der Lieferant für die Prozessorchips hatte Technologieprobleme.
Folgen: Zeitverzug um zwei Wochen; Reduzierung des Einkaufpreises um 6 € wegen Neuverhandlung mit dem Lieferanten

Lesson learned: Zweiten Lieferanten („Second Source") aufbauen

[3] Auslegung des Leistungsverstärkers zu schwach
Folge: 2 Wochen Verzug zur Beschaffung neuer Komponenten

Lesson learned: Simulationsmethodik mit neuer Software verbessern

[4] Nicht bestandener Klimatest bei der Qualifikation
Folge: 3 Wochen Verzug und 13.000 € Mehrkosten zur Testwiederholung

Lesson learned: Versuchstestlauf vor der Qualifikation einführen

---

Projektabschlussbericht	
Projekt: DSL-Router „A9000"	Datum: 22.11.2009
Projektleiter: Rüdiger Neumüller	Seite 3 von 3

Dokumentation

Produktrelevante Daten (Schaltungspläne, Layouts etc.) und alle folgenden Dokumente wurden auf DVD gesichert und im Zentralarchiv abgelegt.

Funktionale Spezifikation:	DSL-X-9002 Version1.8 vom 18.06.2009
Qualitätsspezifikation:	DSL-R-0903 Version 1.8 vom 08.01.2009
Projektstrukturplan:	A9000-PSP Version 1.1 vom 02.10.2008
Projektorganisationsplan:	A9000-Org
Risikopläne:	A9000-FMEA lfd. Nr. 1-4
Qualifikationsbericht:	DSL-QM-0406 vom 28.10.09
Statusberichte:	A9000-PM-*Kalenderwoche*

Checkliste zum Projektabschluss		
Projekt- und Produktrelevante Daten wurden archiviert.	☒	22.11.2009
Produktverantwortung wurde an die Qualitätssicherung und die Fertigung übergeben.	☒	07.11.2009
Projektabschlussanalyse wurde durchgeführt und berichtet.	☒	15.11.2009
Projekterfahrung (Risiken etc.) wurde berichtet.	☒	17.11.2009
Formeller Projektabschluss mit dem Kunden wurde durchgeführt, Feedback wurde eingeholt.	☒	18.11.2009
Die Projektkonten wurden geschlossen.	☒	19.11.2009
Alle potenziellen Patente wurden eingereicht.		bis 15.12.2009

Bewertung und Wirkung des Berichtes

Ein Projektabschlussbericht dient dazu, einem größeren Empfängerkreis die Beendigung des Projekts mitzuteilen und gleichzeitig die Resultate des Projekts darzustellen. Für die Organisation ist die gewonnene Erfahrung besonders wertvoll – ob gut oder schlecht spielt hierbei keine Rolle. Im Gegenteil, insbesondere erfolgreich bewältigte Projektkrisen sollten stets ausgewertet werden, um die Ursachen künftig zu vermeiden. So tragen Berichte zum Lernen der Organisation bei.

Leider werden Abschlussanalysen und -berichte meist nur sehr oberflächlich oder gar nicht durchgeführt. Das Wissen und die Erfahrung bleiben so bei Einzelnen, und die Organisation wird immer wieder Geld in dieselben Risiken investieren. Im vorliegenden Beispiel wurde ein Bericht für alle Stakeholder verfasst, die sich je nach Interessenlage einen Überblick über folgende Punkte verschaffen wollen:

• die Zielerreichung

- den Projektverlauf und die eingetretenen Risiken
- die verfügbare Projektdokumentation und den Zugang dazu
- den Projektabschluss

Mit dem Abschlussbericht hinterlassen Sie als Projektleiter Ihre Visitenkarte auf dem Schreibtisch vieler Leute. Investieren Sie also etwas Zeit in eine informative und interessante Darstellung Ihres Projektes. Weisen Sie auf die Errungenschaften hin, ebenso wie auf Probleme. Denn dadurch beweisen Sie Ihre Professionalität.

Folgende Punkte sind bei diesem Beispiel hervorzuheben:

- Die ursprünglichen Projektziele werden explizit mit dem Erreichten verglichen. Natürlich gibt es hier nicht nur Sonnenschein zu berichten. Auf der anderen Seite können die Ziele für nachfolgende Projekte auf der Basis von Erfahrungen sehr viel besser eingeschätzt werden.
- Die eingetretenen Projektrisiken, die zu Verzögerungen und Kostenerhöhungen geführt haben, werden explizit aufgeführt und Abhilfemaßnahmen werden aufgezählt. Dies sind die vielleicht wirkungsvollsten Maßnahmen, denn sie haben in der Realität schon gewirkt. Im Risikomanagement ist Erfahrung die wertvollste Verbündete.
- Die zentralen Projektdokumente werden akribisch mit Versionen und Erstellungsdaten aufgeführt. Momentan weiß sicher jeder Projektmitarbeiter, wo sie zu finden sind. Aber wie ist es in zwei Jahren, wenn Mitarbeiter ihre Positionen gewechselt haben und Abteilungen aufgelöst wurden? Genau dann treten Produkt-up-grades oder -probleme oder sogar patentrechtliche Klärungen auf. Dokumentation ist aus Sicht der Organisation eine wesentliche Aufgabe des Projektmanagements.
- Selbst die Projektpläne und -berichte wurden archiviert, denn sie spiegeln den Projektverlauf. Außerdem können sie für nachfolgende Projekte als Vorlagen dienen.

Checkliste	✓
Ist der Abschlussbericht so gut strukturiert und selbsterklärend, dass er allen Stakeholdern verständlich ist und einen Eindruck vom Projekt verschafft?	
Ist der Bericht informativ und aussagekräftig?	
Werden die wichtigsten Ergebnisse und Ereignisse des Projektes angemessen dargestellt?	
Wird die Zielerreichung bzw. werden Zieländerungen dargestellt?	
Wird der Projektverlauf (was gut und was weniger gut war) reflektiert?	

9.5 Projektabschlussbericht im Messeprojekt (Schreibwarenbranche)

Das Projekt „Messeauftritt bei der Orga & Tech" wurde erfolgreich durchgeführt. Der erste Messeauftritt war ein voller Erfolg und die Firma Schreibfix GmbH konnte viele neue Kontakte zu potenziellen Kunden knüpfen. Das Unternehmen möchte nun regelmäßig an Messen teilnehmen. Um die Erfahrungen aus diesem Projekt sicherzustellen, beauftragt die Geschäftsführung den Projektleiter, Herrn Auter, einen Projektabschlussbericht zu erstellen und Empfehlungen für die nächsten Projekte auszusprechen. Herr Auter lädt das Projektteam und den Messebauer zu einem Projektabschluss-Workshop ein. Gemeinsam mit ihnen möchte er die Ergebnisse des Projektes besprechen und die Erfahrungen und Empfehlungen zusammenstellen. Diese Ergebnisse möchte er anschließend im Abschlussbericht darstellen.

Als erstes erfolgt eine Einladung und Agenda zum Projektabschluss-Workshop:

Agenda Abschluss-Workshop

Projekt „Messeauftritt Orga & Tech"

Datum: 30.11.2010, 9.00-14.00 Uhr

Teilnehmer: Herr Auter, Projektteam, Geschäftsführung

Ort: Besprechungszimmer, B007

Nr.	TOP	Uhrzeit	Wer	Anmerkungen
1	Begrüßung	09.00-09.15	GF	
2	Projektstatus Geplante Ziele Erreichte Ziele	09.15-10.00	PL	Zielabgleich
3	Abweichungen im Projekt feststellen	10.00-10.30	PL, GF Team	Diskussion
4	Erfahrungen/ Lessons Learned im Projekt • Chancen/ Verbesserungen • Hindernisse/ Probleme	10.30-11.30	PL,GF Team	Brainstorming Diskussion Zusammenfassung
5	Empfehlungen für zukünftige Projekte / Aufnahme in die Projekterfahrungs-Datenbank	11.30-12.30	PL,GF Team	Brainstorming Diskussion Zusammenfassung
6	Fazit/Entlastung Projektleiter und Projektteam/ Abschluss des Projektes	12.30-12.45	PL,GF Team	
7	Gemeinsames Mittagessen	Ab 12.45	PL,GF Team	

Der Projektabschluss-Workshop markiert das offizielle Ende des Projektes. Gemeinsam mit dem Projektteam, dem Auftraggeber und eventuell Lieferanten und/oder Subunternehmen wird ein Projektfazit gezogen, Erfahrungen werden gesammelt und Empfehlungen für zukünftige Projekte zusammengestellt. Der Projektleiter und das Projektteam werden offiziell entlastet. Das Projekt wird abgenommen.

Übrigens: Nehmen Sie den Projektabschluss und den Abschluss-Workshop als Anlass zum Feiern und würdigen Sie die Leistung Ihres Projektteams.

Nach dem der Projektabschluss-Workshop durchgeführt wurde, fasst der Projektleiter alle Ergebnisse in einem Projektabschlussbericht zusammen.

Projektabschlussbericht		
Datum: 01.12.2010		
Seite 1 bis 1		
Projekt: „Messeauftritt bei der Orga & Tech"	Projektleiter: Herr Auter	
Verteiler:		
Geschäftsführung, Projektbeteiligte, Vertrieb, Messebauer MESSE GmbH		
Termine	Geplant: Projektende 15.11.2010 (inkl. Messenachbereitung)	Ist: 25.11.2010
Aufwand	Geplant: 110 Personentage	Ist: 115 Personentage
Kosten	Geplant: 103.000,00 €	Ist: 117.000 €
Geplante Projektziele:		
• Messeauftritt bei der „Orga & Tech" im Oktober 2010 (10.10.-14.10.2010) • Einsatz von PM-Methoden zur Planung und Durchführung dieses Projektes		

- Erfahrungswerte sammeln für ähnliche zukünftige Projekte
- geplante Unternehmensziele:
- höheren Bekanntheitsgrad im Markt erreichen
- dadurch Erhöhung der Marktchancen

Wurden die Projektziele erreicht? Wenn nein, Abweichungen kurz darstellen:

- Die Messe und unser Messeauftritt haben stattgefunden.
- Die PM-Methoden wurden teilweise eingesetzt, in der Realisierung wurde ein zeitnahes Controlling vernachlässigt.
- Erfahrungen/Arbeitsergebnisse wurden in monatlichen Statusmeetings besprochen und in Statusberichten festgehalten.
- Das Messepersonal wurde um eine Person aufgestockt, somit erhöhte sich der Gesamtaufwand auf 115 Personentage.
- Durch die Mehrkosten des Messebauers MESSE GmbH sowie höhere Personalkosten am Messestand belaufen sich die Gesamt-Projektkosten auf 117.000 €.

Wurden die Unternehmensziele erreicht?

- Durch unseren 1. Messeauftritt haben wir unsere Produkte sicher „gut verkaufen" können; die Resonanz am Messestand war sehr positiv. Momentan werden die letzten Anfragen und Bestellungen bearbeitet.
- Konkretere Aussagen über die Zielerreichung lassen sich in ca. einem halben Jahr machen.

Chancen und Verbesserungen im Projekt:

- Das Controlling in der Realisierungsphase muss zukünftig straffer gehandhabt werden.
- Die Zusammenarbeit mit dem Messebauer muss schon in der Planungsphase genau festgelegt werden (Abstimmungsrunden, Kurzbericht und dergl.), da er während der Messevorbereitung als Ansprechpartner kaum erreichbar war. Letzteres hat bestimmte Entscheidungen verzögert.

Hindernisse und Probleme im Projekt:

Abstimmung mit der Fa. MESSE GmbH

Wichtige Informationen für die Projekterfahrungs-Datenbank:
• Zukünftige Projekte sollten mit PM-Methoden durchgeführt werden (mehr Sicherheit und Transparenz im Projektverlauf)
• Externe Dienstleister frühzeitig in die Projektplanung und unsere Kommunikationsstruktur einbinden
Restarbeiten: siehe beiliegende To-Do-Liste
Datum/Unterschrift Projektleitung:
01.12.2010   gez. Auter
Datum/Unterschrift Auftraggeber:
01.12.2010   gez. Wichtig

To-Do-Liste

Projekt „Messeauftritt Orga & Tech"		Datum: 01.12.2010
To-Do-Liste		

Nr.	Was?	Wer?	Bis Wann?
1	Restliche Bestellungen und Anfragen bearbeiten	Hr. Müller/ Vertrieb	15.12.2010
2	Projektdaten archivieren	Hr. Auter	16.12.2010
3	Zielerreichungsgrad Unternehmensziele prüfen	GF, Hr. Weil Hr. Auter	16.06.2011

Bewertung und Wirkung des Projektabschlussberichts

Der Projektleiter hat im Abschlussbericht die geplanten Projekt- und Unternehmensziele mit den Projektergebnissen im Vergleich dargestellt. Gut wäre gewesen, wenn er graphisch, z. B. mit einem Häkchensymbol, dargestellt hätte, ob diese Ziele erreicht oder nicht erreicht wurden. Das erzeugt einen guten Überblick für den Leser.

Die Abweichungen wurden vom Projektleiter kurz und prägnant dargestellt.

Er hat die Plan-Daten (Termine, Aufwand und Kosten) den Ist-Daten gegenübergestellt. Projektabweichungen sind gut ersichtlich. Die Erfahrungen und Empfehlungen, die im Projektabschluss-Workshop zusammengestellt wurden, fasst er im Bericht nochmals kurz zusammen. Detailliertere Erläuterungen und Verbesserungsvorschläge in Form von Lessons Learned können als Anlage beigefügt werden.

Gut ist, dass er nochmals die Informationen zusammenfasst, die in einer Projekterfahrungs-Datenbank hinterlegt werden sollten. Zu empfehlen ist, dass der genaue Archivierungsort (Datenbank, Verzeichnis) genannt wird, um spätere Zugriffe leichter zu ermöglichen.

Die Restarbeiten hat der Projektleiter in Form einer To-Do-Liste zusammengefasst und genau festgelegt, wer, was bis wann zu erledigen hat.

Auch beim Projektabschluss können noch einige offene Aufgaben vorhanden sein. Diese müssen im Abschluss-Workshop konkret benannt, terminiert und mit Verantwortlichen zugewiesen sein. Achten Sie als Projektleiter darauf, dass diese Aufgaben auch wirklich durchgeführt und nicht irgendwann einfach vergessen werden. Gerade dann, wenn sich das Projektteam auflöst und in neue Projekte kommt, geraten Restarbeiten gerne in die Vergessenheit.

Mit der Unterschrift der Projektleitung als „Projektauftragnehmer" und der Geschäftsführung als „Projektauftraggeber" dokumentiert der Abschlussbericht die offizielle Abnahme des Projektes. Anschließend wird der Projektabschlussbericht in Kopie an die Geschäftsführung weitergeleitet und das Original im Projektordner archiviert.

Mit dem Projektabschluss-Bericht markieren Sie also das offizielle Projekt-Ende. Sie ziehen ein Resümee zum Projektverlauf, dokumentieren Ihre Projekterfahrungen und leiten daraus Empfehlungen für Ihre zukünftigen Projekte ab. Denken Sie daran: Mit der Dokumentation Ihrer Projekterfahrungen unterstützen Sie den Wissenstransfer in Ihrem Unternehmen.

Verbesserungs- und Ergänzungsvorschläge

- Ein Abschlussbericht kann u. U. sensible Daten enthalten. Prüfen Sie also, ob Sie den Abschlussbericht an externe Dienstleister weitergeben wollen. Sollte Ihr Abschlussbericht sensible Daten enthalten, dann erstellen Sie einen zusätzlichen Abnahmebericht mit Ihren externen Partnern.
- Sorgen Sie für eine offizielle Entlastung der Projektleitung und des Projektteams. Restarbeiten sollten Sie genau festlegen und terminieren. Vermeiden Sie eine „Never-Ending-Story".
- Kennzeichnen Sie durch die Unterschrift des Projektleiters (Auftragnehmers) und des Projektauftraggebers die offizielle Abnahme des Projektes.
- Informieren Sie alle Projektbeteiligten über das offizielle Projekt-Ende. Beschließen Sie das Projekt gegebenenfalls mit einer kleinen Feier!

Checkliste	✓
Haben Sie den Projektabschluss mit allen Projektbeteiligten reflektiert (z. B. in einem Projektabschluss-Workshop)?	
Sind noch Restarbeiten zu erledigen und wenn ja, durch wen?	
Sind die Projektleitung und das Projektteam offiziell entlastet?	
Welche wichtigen Erfahrungen können Sie aus dem Projekt an andere weitergeben?	
Wie bereiten Sie Ihre Erfahrungen im Sinne eines Wissensmanagements auf?	
Können Sie Projekt-Erfolgsfaktoren aus dem Projekt ableiten?	

10 Projektarchivierung

10.1 Was bedeutet Projektarchivierung und warum ist sie wichtig?

Archivierung steht bei Projekten für die unveränderbare, langzeitige Aufbewahrung von Projektdaten und -informationen zum Zweck der späteren Nutzung.

Die Bedeutung der dauerhaften Aufbewahrung projektbezogener Daten wird häufig unterschätzt, gerade weil Projektleiter und -team am Ende eines Projektes in der Regel bereits neue Aufgaben haben und die Zeit für das Zusammenstellen und die geordnete Ablage der Dokumente fehlt. Zum anderen aber auch weil der Nutzen einer guten und die möglichen Konsequenzen einer unvollständigen Archivierung nicht unmittelbar spürbar sind. In jedem Fall ist es eine Aufgabe die Sorgfalt und Zeit erfordert, daher fällt sie in der Hektik des Tagesgeschäfts oft unter den Tisch.

Hier die wichtigsten Gründe für Projektarchivierung:

- Zur Erfüllung gesetzlicher Auflagen
  Die gesetzlichen Aufbewahrungsfristen für kaufmännische Unterlagen betragen in der Regel 6-10 Jahre, in manchen Ländern bis zu 20 Jahre. In Deutschland regelt z. B. das Handelsgesetzbuch (HGB §239) die Aufbewahrungsfristen. Das heißt im Falle der Steuer- oder Wirtschaftsprüfung und bei Revisionsmaßnahmen müssen alle relevanten Unterlagen wie z. B. Angebote und Verträge sowie Kalkulationen vorliegen.

- Zur Vertragserfüllung
  Fragen von Kunden und Lieferanten können in und nach der Gewährleistungsphase, also unter Umständen lange nach Abschluss des eigentlichen Projektes zügig beantwortet werden. Bei

Gewährleistungsfragen ist die Originaldokumentation der stichhaltigste Beweis.

- Aufgrund der Rechtsverbindlichkeit jedweder Projektkommunikation

  Jedes Schriftstück und jede E-Mail ist eine rechtsverbindliche Aussage des einzelnen im Namen seiner Firma, auf das sich Vertragspartner und Kunden später berufen können. Daher ist es so wichtig, die gesamte Projektkommunikation aufzuzeichnen.

- Zur Klärung von Patentfragen

  Patentstreitigkeiten entstehen oft Jahre nachdem das Projekt beendet oder das betreffende Produkt vom Markt genommen wurde. Die damaligen Beteiligten sind im wahrsten Sinne des Wortes längst in alle Winde zerstreut, daher wird unbedingt eine von den erstellenden Personen unabhängige, zentrale Projektarchivierung benötigt. Die Originaldokumentation gibt in sehr vielen Fällen eindeutig Auskunft über Herkunft und Verwendung von intellektuellem Eigentum (siehe das Fallbeispiel weiter unten).

- Um die eventuelle Verjährung von Ansprüchen klären zu können und um verjährte Ansprüche abzuwehren

  Verjährung ist im Zivilrecht der durch den Ablauf einer bestimmten Frist bewirkte Verlust der Möglichkeit, einen bestehenden Anspruch durchzusetzen. Idealerweise kann durch Projektdokumente eindeutig belegt werden ob ein Anspruch seitens eines Vertragspartners bereits verjährt ist, z. B. weil er unverzüglich von einem auftretenden Problem informiert worden war und trotz Aufforderung nichts unternommen hatte.

- Um einmal erworbenes Know-how zu sichern

  Ein gut geordnetes Projektarchiv dient der projektführenden Organisation, indem die Erfahrungen aus früheren Projekten auch nach Projektende zur Verfügung stehen, z. B. wenn es um Ersatzteile oder um Problemlösungen geht, die noch Jahre nach Projektabschluss recherchiert werden müssen.

10.2 Fallbeispiel: Abwehr einer Patentklage

Der folgende Fall aus dem Jahr 1997 beruht auf wahren Begebenheiten aus der beruflichen Karriere eines der Autoren, der zu diesem Zeitpunkt Portfoliomanager für eine Generation elektronischer Computerspeicher war. In dieser Funktion verantwortete er alle Entwicklungsprojekte. Alle Angaben wurden so weit entfremdet bzw. anonymisiert, dass die inhaltlichen Zusammenhänge für das Kapitel transparent werden aber keine beteiligten Personen oder Firmen zurückverfolgt werden können:

Im Folgenden geht es um Computerspeicher, so genannte DRAMs (Dynamic Random Access Memories). Diese komplexen elektronischen Bausteine werden mit den jeweils modernsten Technologien gefertigt und in millionenfacher Stückzahl an Computerhersteller verkauft. Durch die Standardisierung der Bausteine ist der Preis das maßgebliche Kriterium für den Absatz.

In den Jahren 1997-1998 brachen nach jahrelangem Aufschwung die Preise für DRAMs zusammen. Dies geschah entsprechend der empirischen Lehre des so genannten 'Schweinezyklus', denn alle Lieferanten hatten in guten Zeiten ihre Kapazitäten ausgebaut und ihre Produktivität verbessert. Darüber hinaus waren sogar ganz neue Anbieter in den lukrativen Markt eingetreten, so dass all diese neuen Fertigungen einen nicht mehr wachstumsfähigen Computermarkt belieferten – ein krasses Überangebot mit dem entsprechenden Preissturz war die Folge.

Es ging damals sogar so weit, dass die Großhandelspreise unter die variablen Kosten (die reinen Herstellkosten) fielen, so dass viele Hersteller die Produktion vorübergehend einstellten. In solchen Zeiten sitzen alle Manager dieser Branche mit zusammengebissenen Zähnen an ihren Schreibtischen und versuchen länger auszuhalten als die anderen. Bis einige Anbieter notgedrungen aufgeben und die Angebots-/Nachfragesituation sich wieder normalisiert.

Patentklagen sind gerade in wirtschaftlich schlechten Zeiten oft ein praktikabler Weg, um an Geld zu kommen und dabei eventuell Mitbewerber zu schwächen. Besonders in zyklischen Branchen wie der Elektronik werden in Krisenzeiten oft alternative Einnahmequellen gesucht.

Zwei Mitbewerber hatten gemeinsam Klage eingereicht, dass in einem Baustein aus dem Jahre 1991 eine patentrechtlich geschützte Schaltung integriert worden sei. Die Kläger mussten die Bausteine gezielt analysiert haben, was durch so genanntes „Reverse Engineering" jederzeit möglich ist, denn DRAMs aller Hersteller sind ja auf dem Markt käuflich. Einfach ein paar ausgemusterte Computer ausschlachten und die Bauteile auseinander nehmen lassen, vor allem wenn das Labor wenig zu tun hat weil Marktflaute ist.

Die Klage ging über 500 Millionen US Dollar.

Sie wurde außerdem in einem US Staat eingereicht, dessen Patentgerichte für die extrem schnelle Verfahrensabwicklung bekannt waren, ein in Patenkreisen so genanntes „rocket docket". Das bedeutete, dass innerhalb von nur 6-8 Wochen die Verurteilten zur Zahlung einer so hohen Summe angeordnet werden konnten. Selbst ein Vergleich führt bei solchen Summen zum Ruin des beklagten Mitbewerbers, was auch eine Motivation für solche Klagen sein kann.

In solchen Fällen beauftragt man eben sehr gute Kanzleien vor Ort mit der Wahrnehmung der eigenen Interessen. So auch hier. Was aber vor allem benötigt wurde, waren Beweismittel zur Klärung der Sachlage und zur Entkräftung des Vorwurfs der Patentverletzung. Und diese wurden binnen weniger Tage gebraucht, denn das Verfahren war bereits terminiert.

Zu diesem Zeitpunkt, also 1997, war der Portfoliomanager neu auf dieser Stelle und kannte die früheren Generationen der von ihm verantworteten Produktfamilie nur auf dem Papier und vom Hörensagen. Nun wurde er von den Anwälten befragt, welche Beweise er denn dafür beibringen könne, dass er „stellvertretend für seine Vorgänger" 1991 nicht den besagten Schaltkreis widerrechtlich eingebaut habe. 6 Jahre sind in der Mikroelektronik eine Ewigkeit, in der ganze Generationen von Technologien, Produktlebenszyklen und Projektteams sich abwechseln, daher war guter Rat teuer.

Die erfahreneren Mitarbeiter wussten aber, dass in einem Keller an einem nahegelegenen Standort alte Ordner gelagert seien. Dort wurde der Portfoliomanager nach einiger Suche fündig – in einem Kellerraum fanden sich etwa 40 Umzugskisten mit unsortierten Dokumenten, die der damalige Entwicklungsleiter seinerzeit eingebunkert hatte. Es fand sich vom Besprechungsprotokoll bis zur technischen Zeichnung alles, inklusive persönlicher Aufzeichnungen. Nach einer groben Sichtung wurde alles Material, das zu der fraglichen Generation von Bausteinen gehörte, aussortiert und den Rechtsanwälten in den USA geschickt – das war schon der Grundstein für die erfolgreiche Abwehr der Patentklage.

Der Durchbruch war aber, dass in einem Labor echte, funktionsfähige Muster der Bausteine gefunden werden konnten. In den Ursprungsversionen, wie sie bereits 1990 entwickelt worden waren. Durch Reverse Engineering, also dieselbe Arbeit, die die Wettbewerber geleistet haben, sowie durch die Herstellnummern (so genannte Losnummern) und -daten der Fertigung konnte zweifelsfrei belegt werden, dass der beklagte Schaltkreis bereits entwickelt und eingesetzt worden war, bevor er 1991 patentrechtlich durch die Wettbewerber geschützt wurde. Daher konnte die Patentklage problemlos abgewehrt werden.

Das große Glück des Portfoliomanagers war, dass das vollständige Archiv längst vergangener Entwicklungsprojekte – mit allen Projektdokumenten und überdies mit echten funktionalen Mustern – vorhanden war. Dadurch konnte eine Klage abgewehrt werden, die im schlimmsten Fall den Ruin der eigenen Firma hätte bedeuten können.

Diese wahre Begebenheit belegt sehr anschaulich, warum der Grundsatz „lieber zuviel aufheben als zuwenig" vom Management eingefordert werden und von allen Projektleitern und -mitarbeitern beherzigt werden sollte.

10.3 Goldene Regeln zur Archivierung von Projekten

Hier als Zusammenfassung einige einfache Regeln zur Projektarchivierung:

- **Regel 1:** Der Projektleiter ist von seiner Ernennung bis zum formalen Projektende für die vollständige Projektdokumentation und die spätere Erstellung des Projektarchivs verantwortlich. Er wird erst mit der Übergabe und der Abnahme des Projektarchivs formal von dem Projekt entlastet.
- **Regel 2:** Jedes Dokument ist aufzuheben, und sei es augenscheinlich noch so nebensächlich. Ein Dokument ist in diesem Zusammenhang jede im Projektzusammenhang erstellte Schrift oder Zeichnung etc., elektronisch wie physisch.
- **Regel 3:** Anfassbare Projektergebnisse, wie z. B. Hardware, Muster, Prototypen etc., sind, sofern es möglich ist sie aufzuheben, wie Dokumente zu archivieren. Ist es nicht möglich, die Originale aufzuheben (z. B. aus Platzgründen oder weil sie verfallen), so sind Bilder, Filme, Kopien etc. zu erstellen.
- **Regel 4:** Daten wie z. B. Software, Messdaten, Übermittlungsprotokolle etc. sind wie Dokumente zu archivieren, am besten auf ihren originalen Datenträgern. Hier ist Sorge zu tragen, dass die Datenträger nach Jahren noch lesbar sind, d. h. der physische Verfall der Datenträger und die zeitlich begrenzte Verfügbarkeit von Lesegeräten ist vorausschauend zu betrachten. Gegebenenfalls sind die Daten auf moderne und lange haltbare Träger umzukopieren.
- **Regel 5:** die projektführende Organisation, d. h. das Management, gewährleistet die geordnete Ablage der übergebenen Daten an einem sicheren Ort, um eventuell später auftretende Haftungs-, Gewährleistungs-, Steuer-, Patentfragen usw. klären zu können.

Zusätzlich einige operative Hinweise für die Archivierung von Projekten:

- **Regel 6:** Jedes Projektdokument muss entsprechend der rechtlichen (z. B. HGB) und organisationsinternen Anforderungen (wie z. B. Richtlinien für Qualitätsmanagement, Konfigurationsmanagement etc.) ordnungsgemäß aufbewahrt werden.
- **Regel 7:** Jedes Projektdokument ist frühestmöglich zu archivieren. Es muss mit seinem Original übereinstimmen und unveränderbar archiviert werden.
- **Regel 8:** Das Projektarchiv ist so zu organisieren (Stichwort: Ordnungssystem und Verantwortung für das Archiv regeln), dass jedes Dokument wiedergefunden und reproduziert werden kann.
- **Regel 9:** Es ist sinnvoll, jedes Dokument bzw. das gesamte Archiv entsprechend gesetzlicher oder geschäftlicher Vorgaben mit einer Aufbewahrungsfrist zu versehen. Das Dokument darf frühestens nach dessen Ablauf vernichtet werden.
- **Regel 10:** Jede Änderung von Projektdaten (seien es Ergänzungen, Korrekturen etc.) muss später nachvollziehbar sein und ist daher zu protokollieren.

Weiterführende Literatur zur Archivierung

- „Merksätze des VOI zur revisionssicheren elektronischen Archivierung", VOI – Verband Organisations- und Informationssysteme e.V. – voice of information 2009
  http://www.voi.de/phocadownload/voi_merksaetze_der_archivierung.pdf
- „Legal requirements for Document Management in Europe" von Jürgen Biffar und Stefan Groß (Editors), VOI – Verband Organisations- und Informationssysteme e.V. – voice of information 2010
- „Revisionssichere Archivierung und Dokumentenmanagement im Licht neuer rechtlicher Anforderungen" von Dr. Ulrich Kampffmeyer, Vortrag auf der audicon März 2003,
  http://www.project-consult.net/Files/audicon_GDPdU_052003.pdf
- „Wichtige Verjährungsfristen des deutschen Rechts" von Harry Zingel, Zusammenstellung in der Version 4.1 von 2008, www.zingel.de

Stichwortverzeichnis

Das bietet Ihnen die CD-ROM

Auf der CD-ROM finden Sie zu fast allen in diesem Buch vorgestellten Berichtsarten Vorlagen in den Formaten Microsoft Word und Excel. Die Vorlagen sind klar und übersichtlich gestaltet und können leicht Ihren individuellen Anforderungen angepasst werden.

Vorlagen für Projekteinzelberichte
- Statusberichte in verschiedenen Variationen
- Arbeitspaketbericht
- Tagesbericht
- Monatsbericht
- Projektsteckbrief
- Meilensteinabnahmebericht
- Sofortbericht
- Phasenabnahmebericht
- Projektabschlussbericht

Vorlagen für das Projektportfoliomanagement
- Projektsteckbrief
- Risikokategorisierung
- Projektfilter (Go-/No-Go-Entscheidung)
- Projektscorecard
- Projektliste

Weitere Vorlagen und Excel-Tool
- Excel-Tool zur Kostentrendanalyse
- Projektvorschlag
- Entscheidungsvorlage
- Änderungsantrag
- Abschlussworkshop

Bibliographische Information der Deutschen Nationalbibliothek

Die Deutsche Nationalbibliothek verzeichnet diese Publikation in der Deutschen Nationalbibliographie; detaillierte bibliographische Daten sind im Internet über http://www.d-nb.de abrufbar.

ISBN: 978-3-648-00335-0 Bestell-Nr. 00152-0002

9. Auflage 2010

© 2010, Haufe-Lexware GmbH & Co. KG, Munzinger Straße 9, 79111 Freiburg

Redaktionsanschrift: Fraunhoferstraße 5, 82152 Planegg/München
Telefon: (089) 895 17-0
Telefax: (089) 895 17-290
www.haufe.de
online@haufe.de
Produktmanagement: Steffen Kurth

Redaktion und DTP: Lektoratsbüro Peter Böke, 10961 Berlin
Umschlag: Kienle gestaltet, 70182 Stuttgart
Druck: Kösel GmbH & Co. KG, Am Buchweg 1, 87452 Altusried-Krugzell

Zur Herstellung der Bücher wird nur alterungsbeständiges Papier verwendet.